DER PANZERJÄGER »FERDINAND«

PANZERJÄGER TIGER (P), PORSCHE TYP 131

Michael Fröhlich

Motor
buch
Verlag

Einbandgestaltung: Frank Zähringer

Bildnachweis: Die zur Illustration dieses Buches verwendeten Aufnahmen stammen – wenn nicht anderes vermerkt ist – vom Verfasser.

ISBN: 978-3-613-04273-5

1. Auflage 2020

Sie finden uns im Internet unter www.motorbuch-verlag.de

Lektorat: Joachim Köster
Innengestaltung: WS – WerbeService Linke, 76185 Karlsruhe
Druck und Bindung: Conzella, 85609 Aschheim-Dornach
Printed in Germany

Inhalt

Vorwort

Die Geschichte des Porsche-Tigers Typ 101 liegt mir schon lange am Herzen. Zu viele Widersprüche wurden in der einschlägigen Literatur niedergeschrieben. Ich nahm mir vor, anhand von Primärmaterial das tatsächliche Geschehen dieses legendären Panzerkampfwagens zu rekonstruieren. Als ich das Buch über den Porsche-Tiger begann, hatte ich geplant, auch ein Kapitel zum Panzerjäger Tiger (P) – Porsche Typ 131 einzufügen, da dieses Sturmgeschütz schließlich aus den schon fertiggestellten Fahrgestellen des Porsche-Tigers entstand. Da jedoch die Informationsfülle der vorhandenen Akten das Buchprojekt zu stark anwachsen ließ und ich dem Leser keine Informationen unterschlagen wollte, reifte in mir der Entschluss, das Buch in zwei abgeschlossene Dokumentationen zu teilen. Daher entstanden zwei Bücher zu diesem Porsche-Fahrzeug. Ich bedanke mich vor allem bei Karlheinz Münch und Yuri Pasholok sowie dem Porsche-Archiv und dem Militärarchiv Freiburg für die Hilfe zu diesem Buch.

Dresden 2019,
Michael Fröhlich

Einleitung

Als am 6. Dezember 1939 die Firma »Dr. Ing. h. c. F. Porsche KG« vom Heereswaffenamt (HWA) den Entwicklungsauftrag für einen 35 bis 40 t schweren Panzerkampfwagen erhielt, betrat damit das selbständige Konstruktionsbüro auf dem Gebiet der Panzerkonstruktionen Neuland. Bisher lag der Schwerpunkt auf PKW- und Rennwagen-Entwürfen, deren Höhepunkt zur damaligen Zeit der »KdF«-Wagen darstellte. Der Entwicklungsauftrag für einen Panzer entstand zu einer Zeit, wo sich die deutsche Wehrmacht auf einen Krieg mit Frankreich und England einstellte. Deren zum Teil stark gepanzerte Panzerkampfwagen stellten für die aktuellen deutschen Kampffahrzeuge eine große Herausforderung dar.

Die Firma Henschel arbeitete zu diesem Zeitpunkt schon zwei Jahre an einem ähnlichen Projekt, dem VK 3001 (H). Das HWA folgte mit der zweifachen Vergabe eines Auftrages der damaligen Auffassung, dass aus zwei Entwürfen so die beste Lösung ausgewählt werden könnte. Während Henschel den konventionellen Weg einschlug und einen wassergekühlten Benzinmotor mit einem mechanischen Getriebe verband, ging Porsche, auf Grund seiner Erfahrungen mit dem »KdF«-Wagen, den Weg zu einem luftgekühlten Benzinmotor. Für die Kraftübertragung eines so schweren Kampffahrzeuges favorisierte Porsche den elektrischen Antrieb. Damit hatte Professor Porsche schon im Ersten Weltkrieg sehr erfolgreich schwere Zugmaschinen konstruiert.

Eine zweite Option bestand für Porsche in der hydraulischen Kraftübertragung. Zunächst entstand der VK 3001 (P) unter der Porsche-Bezeichnung Typ 100. Dieser besaß zwei luftgekühlte 10 Zylinder-Benzinmotoren, die ihrerseits zwei Generatoren antrieben. Die Doppelmotor-Lösung ermöglichte eine optimale Ausnutzung des knappen Raumes im Panzer. Die Generatoren gaben die erzeugte elektrische Leistung an zwei im Bug hintereinander liegende Elektromotoren ab. Damit wurde von den vorn liegenden Antriebsrädern die Antriebskraft unterbrechungslos auf die Ketten übertragen.

Nach einigen Höhen und Tiefen konnte im Januar 1942 der erste Prototyp erfolgreich getestet werden. Allerdings hatten sich unterdessen die Rahmenbedingungen wesentlich geändert. Auf Grund der Forderung Hitlers vom 26. Mai

Der erste Porsche-Tiger am 17. April 1942 auf dem Weg ins »Führerhauptquartier«. (PA)

1941 nach einer stärkeren Panzerung und größerer Durchschlagsleistung der Kanone sollte ab diesem Zeitpunkt ein 50 bis 60 t schweres Panzerfahrzeug von Henschel und Porsche konstruiert werden. Den Weisungen Hitlers entsprechend, entwarf Henschel einen VK 3601 und Porsche einen VK 4501. War man 1939 noch von einer 7,5-cm-KwK L/48 oder einer 10,5-cm-KwK L/47 ausgegangen, forderte Hitler nun eine Durchschlagsleistung von 100-mm-Panzerstahl auf eine Schussentfernung von 1500 m.

Dafür favorisierte das HWA für den Henschel-Tiger die konische 7-cm-KwK 0725 von Krupp, Professor Porsche dagegen für sein Fahrzeug die aus der 8,8-cm-Flak 18 entwickelte 8,8-cm-KwK L/56. Da die 7/5,2-cm-KwK 0725 für das zu verschießende Flanschgeschoss allerdings größere Mengen des Mangelmaterials Wolfram benötigte, entschied sich Hitler für das Kaliber von 8,8 cm. Zudem besaßen Granaten dieses Kalibers eine größere zerstörerische Wirkung am Ziel. Der Nachteil eines größeren und damit schwereren Turmes, verbunden mit einem größeren Turmdrehkranz-Durchmesser, wurde dabei in Kauf genommen. Als Konsequenz musste daraufhin die Firma Henschel ihren VK 3601 in einen VK 4501 umkonstruieren.

Auch Porsche musste für den VK 4501 (P) das Konzept gegenüber dem VK 3001 (P) ändern. Bedingt durch die starke Frontpanzerung und der längeren Kanone lag der Schwerpunkt des Fahrzeugs zu weit vorn, so dass zum Ausgleich die beiden Elektromotoren in das Heck verlegt werden mussten.

Nach dem Angriff auf die Sowjetunion am 22. Juni 1942 und dem Auftreten des überlegenen sowjetischen Panzers T 34 forderte Hitler den Einbau einer – aus der leistungsstärkeren 8,8-cm-Flak 41 entwickelten – 8,8-cm-KwK 43 L/71. Dieses Geschütz passte allerdings auf Grund des größeren Bedienkreis-Durchmessers nicht in Turm und Fahrgestell der beiden »Tiger« von Henschel und Porsche. Dafür bedurfte es einer Neukonstruktion von Wanne und Turm, die Ende 1942 unter der Bezeichnung VK 4502 (P) bzw. Typ 180 bei Porsche begann.

Der Panzerjäger Tiger (P) – Porsche Typ 131

Die Entwicklung eines Panzerkampfwagens mit der langen 8,8-cm-KwK L/71 benötigte für Hitler aber zu viel Zeit. Am 20. September 1942 fand in Berlin eine Rüstungsbesprechung statt. Unter Punkt 15 stellte Hitler die Forderung, dass der Porsche-Tiger teilweise als Sturmgeschütz mit der langen 8,8-cm-Kanone L/71 und 200-mm-Frontpanzerung zu entwickeln sei. Auch der Einbau eines 21-cm-Mörsers in ein Sturmgeschütz auf der Basis des Porsche-Tigers sollte geprüft werden. Neben der vorderen 200-mm-Panzerung sollten auch die seitliche Wanne und die Deckenplatten verstärkt werden. Hitler war einverstanden, dass die dazu benötigten Panzerplatten aus den vorhandenen Marinebeständen der Werften entnommen werden können. Hitler sah durch die Verwendung einer schweren Selbstfahrlafette eine kurzfristige Möglichkeit, die von ihm bevorzugte 8,8-cm-Flak 41 als mobile Panzerabwehrwaffe zum Einsatz zu bringen.

Da sich der Porsche-Tiger vom Typ 101 zu diesem Zeitpunkt in der Erprobung befand, boten sich die schon in der Produktion befindlichen Fahrgestelle des Porsche-Tigers für dieses dringend benötigte schwere Sturmgeschütz an. Sollte zunächst nur ein Teil der Fahrgestelle des Porsche-Fahrzeugs für die Selbstfahrlafetten-Produktion abgezweigt werden, ergab sich bei einer kompletten Umstellung ein weiterer Vorteil. Hitler stand vor dem Problem, sich nur für eine Version des VK 4501 als schweren Panzer entscheiden zu müssen, da die deutsche Rüstungsindustrie nicht in der Lage war, zwei schwere Panzerkampfwagen parallel in großer Serie zu bauen.

Als am 10. November 1942 die Tiger-Kommission nach dem Vergleich in Berka die Produktionseinstellung des Porsche-Tigers zugunsten des Henschel-Tigers beschlossen hatte, legte sie in Eisenach weiter fest, dass die Fahrgestelle des Porsche Typ 101 in ein Sturmgeschütz mit der Porsche-Bezeichnung Typ 131 abgeändert werden sollten. Dazu plante die Kommission, von den bei Krupp georderten 100 Fahrgestellen die noch unverbauten 90 Panzerwannen in Sturmgeschütze abändern zu lassen, da zehn Porsche-Tiger schon fertiggestellt worden waren.

Schon eine Woche später, am 18. November, erfolgte eine große Besprechung bei Hauptamtsleiter Saur im Rüstungsministerium zum Thema **»Tiger P als Sfl. für 8,8 cm Sturmgeschütz L/70«**. Anschließend fuhren die Teilnehmer, darunter General Radlmeier und Professor Porsche mitsamt seinem Chefingenieur Karl Rabe und seinem Elektrospezialist Otto Zadnik, zur Firma Alkett in Berlin, die Konstruktionsauftrag erhalten hatte. Später kam noch Generaldirektor Meindl von Steyr dazu.

Die 8,8-cm-Flak 41 in Marschstellung. Dazu wurde das Geschützrohr zurückgezogen. (D)

Der Porsche-Tiger 150 014 im November 1942 auf der Vergleichsfahrt in Berka. (Hoff-45722)

Die Besprechungen wurden auch am nächsten Tag im Beisein von Karl-Otto Saur, dem Beauftragten für das **»Tiger-Programm«** Krömer, den Vertretern von Wa Prüf 6, Krupp und dem Nibelungenwerk fortgesetzt. Dabei wurde festgelegt, dass die Verantwortung für die Konstruktion des Umbaus bei der Berliner Firma Alkett und die Einhaltung der Termine der Haupt- und Unterlieferanten beim Sonderbeauftragten Krömer lagen. Weiter wurde veranlasst, dass Krupp die Fertigung der neu zu erstellenden Panzerteile in der bisherigen Form gleicher Wandstärke wieder aufnahm. Da sich das Gewicht durch den Aufbau und die verstärkte Frontalpanzerung erhöht hatte, musste überlegt werden, ob das Übersetzungsverhältnis des Antriebes beibehalten werden konnte. Zur Sicherheit sollten Zahnräder für eine neue Übersetzung zusätzlich gefertigt werden.

Ein Austausch sollte nachträglich erfolgen. Von Alkett wurde rechnerisch und teils gewogen ein Gefechtsgewicht von 63,745 t ermittelt. Das erste Fahrzeug sollte durch handwerkliche Arbeit soweit wie möglich vorgezogen werden. Um die laufende Produktion des Panzerkampfwagens IV bei Krupp nicht zu stören, wurde weiter festgelegt, dass die Wannen im Eisenwerk Oberdonau zu ändern waren. Dafür hatte Krupp ab 1. Januar 1943 zum Anschweißen der Zusatzpanzer bzw. der Versteifungen einen Meister, einen Montageschlosser und vier qualifizierte deutsche Schweißer in das Werk in Linz abzuordnen. (Die von Krömer vorgesehenen Liefertermine: siehe Tabelle unten.)

Die Berliner Firma Alkett war der Spezialist in der Sturmgeschütz-Produktion und hatte schon Erfahrungen bei Spezialkonstruktionen für das HWA sammeln können. Deshalb sollte Alkett den Umbau realisieren. Die Firma hatte schon zuvor auf Hitlers Anweisung Sturmgeschütze und Selbstfahrlafetten auf der Basis des Panzers IV konstruktiv entworfen. Allerdings war das vorhandene Fahrgestell des Panzerkampfwagens III/IV mit der langen 8,8-cm-Pak 43 bzw. mit einem 21-cm-Mörser überfordert. Im Oktober 1942 wurde Hitler eine Selbstfahrlafette aus Flussstahl für die 8,8-cm-Pak 43/1 L/71 vorgeführt. Obwohl Hitler diesen leichtgepanzerten, oben und hinten offenen Panzerjäger als Behelfslösung sah, wurde dieses Fahrzeug als Sd. Kfz. 164 bzw. »Hornisse«, ab dem 27. Februar 1944 als »Nashorn« bezeichnet, bis 1945 gebaut.

Aufbauend auf der Erfahrung mit der Panzer-Selbstfahrlafette V mit der 12,8-cm-Kanone 40 sah man einen hinteren Kampfraum als die beste Lösung an. So erhielt die Geschütz-Bedienung genug Platz und das lange Geschützrohr ragte nicht zu weit nach vorn über das Fahrzeug hinaus, da neben dem Rohrrücklauf auch Platz zum

Termine für Haupt- und Unterlieferanten des Tiger P als Sfl. 8,8 Stu.-Gesch. L 70

			bis	Januar						Februar				März					April				Mai
Gerät	**von**	**an**	31.12.	05.	10.	15.	20.	25.	31.	10.	15.	20.	28.	10.	15.	20.	25.	31.	10.	20.	25.	30.	12.
fertige Fahrzeuge	**Alkett**												**5**	**8**		**10**		**12**	**12**	**14**		**14**	**15**
Aufbauten	**Krupp**	**Alkett**								**5**		**5**	**5**	**10**		**10**		**15**	**15**	**15**	**10**		
Geschütze	**Krupp**	**Alkett**								**5**		**5**	**10**	**10**		**15**		**15**	**15**	**15**			
Fahrgestelle	**Nilwerk**	**Alkett**								**5**		**5**	**5**	**10**		**10**		**15**	**15**	**15**		**10**	
Motorabdeckung und Gräting	**Krupp**	**Alkett**								**5**		**5**	**5**	**10**		**10**		**15**	**15**	**15**		**10**	
Zwickel und Bodenpanzer	**Krupp**	**Oberdonau**	**5**			**10**			**35**			**40**											
Vorpanzer	**Krupp**	**Nilwerk**	**1**	**9**		**10**		**15**			**15**		**10**		**15**		**15**						
Funkeinbauten	**HZA**	**Alkett**							**5**	**8**		**10**	**12**	**12**		**14**		**14**	**15**				
Optiken	**HZA**	**Alkett**							**5**	**8**		**10**	**12**	**12**		**14**		**14**	**15**				
Motore	**Maybach**	**Nilwerk**			**10**		**10**		**10**	**20**		**20**	**30**	**30**		**30**		**20**					
elektr. Getriebe	**Siemens**	**Nilwerk**			**10**		**10**		**10**	**20**		**20**	**30**	**30**		**30**		**20**					
Geschützbrücke	**Ried.**	**Alkett**							**5**	**10**		**10**	**10**	**11**		**11**		**11**	**11**	**11**			

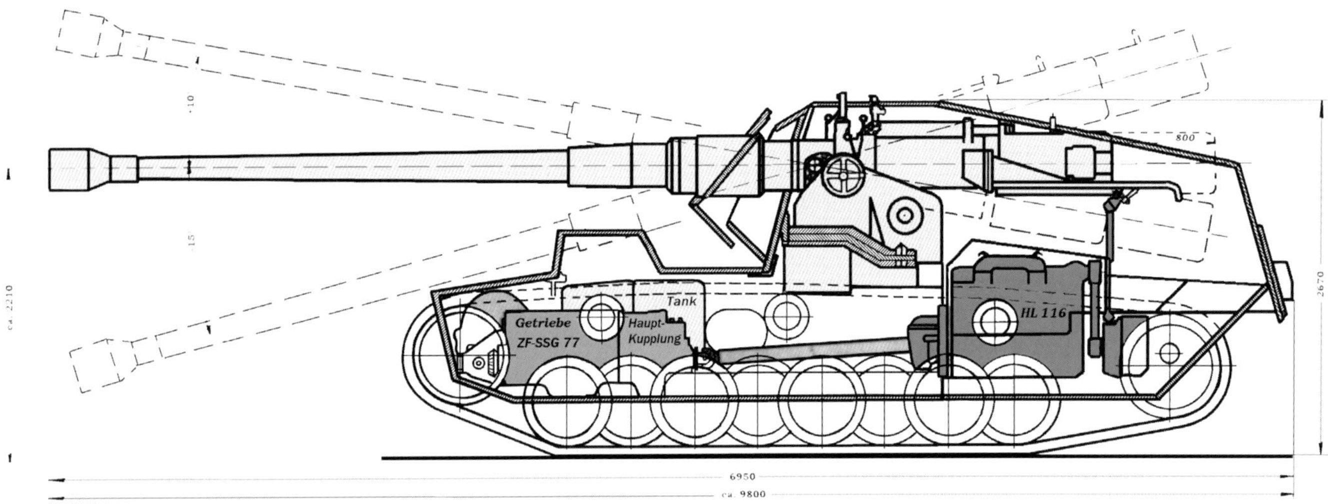

Die Panzer-Selbstfahrlafette V mit der aus der 12,8-cm-Flak entwickelten 12,8-cm-Kanone 40.

Das Laden eines Panzerjägers »Nashorn« mit einer 8,8-cm-Sprenggranatpatrone zeigt den Platzbedarf dieser Munition sowie deren relativ ungeschützten Kampfraum. (WS)

Laden der langen Granatpatrone sein musste. Nachteilig war, bedingt durch die Bauform, die Trennung von Kampf- und Fahrer/Funkerraum voneinander sowie die starke Hecklastigkeit. Auch war die Zugänglichkeit des mittig gelegenen Antriebsraumes sehr beschränkt. Zudem musste mit einer erhöhten thermischen Belastung der Sturmgeschütz-Besatzung durch die aufsteigende Motor- und Generatorwärme gerechnet werden. Im Gegensatz zur Panzer-Selbstfahrlafette K 40 befanden sich bei dem als Porsche Typ 131 bezeichneten Sturmgeschütz die beiden Maybach-Motoren samt Generatoren allerdings vor dem Schwerpunkt des Geschützes. Damit konnte die Hecklastigkeit etwas ausgeglichen werden. Die Vorteile dieser Bauform überwogen letztendlich.

Die am 18. November von Alkett vorgelegte Gewichtsbestimmung rief den Widerspruch des Nibelungenwerkes hervor. Deshalb legte Krupp am 11. Dezember ein neu errechnetes überschlägiges Gewicht vom Sturmgeschütz vor:

Das Gesamtgewicht des Porsche-Tigers betrug in der alten Ausführung:	59,0 t
abzüglich des alten, niedrigeren Turmes mit 8,8 cm L/56-Geschütz:	-10,0 t
ergab ein Fahrgestellgewicht von:	= 49,0 t
dazu kam der neue Geschützaufbau mit:	+15.0 t
das neue Geschütz 8,8 cm L/71 mit Blende:	+ 3,5 t
die Frontverstärkung mit:	+ 3,0 t
sowie der Wannenaufbauwinkel mit:	+ 1,5 t
Dies ergab ein **Gesamtgewicht** von:	**= 72,0 t**

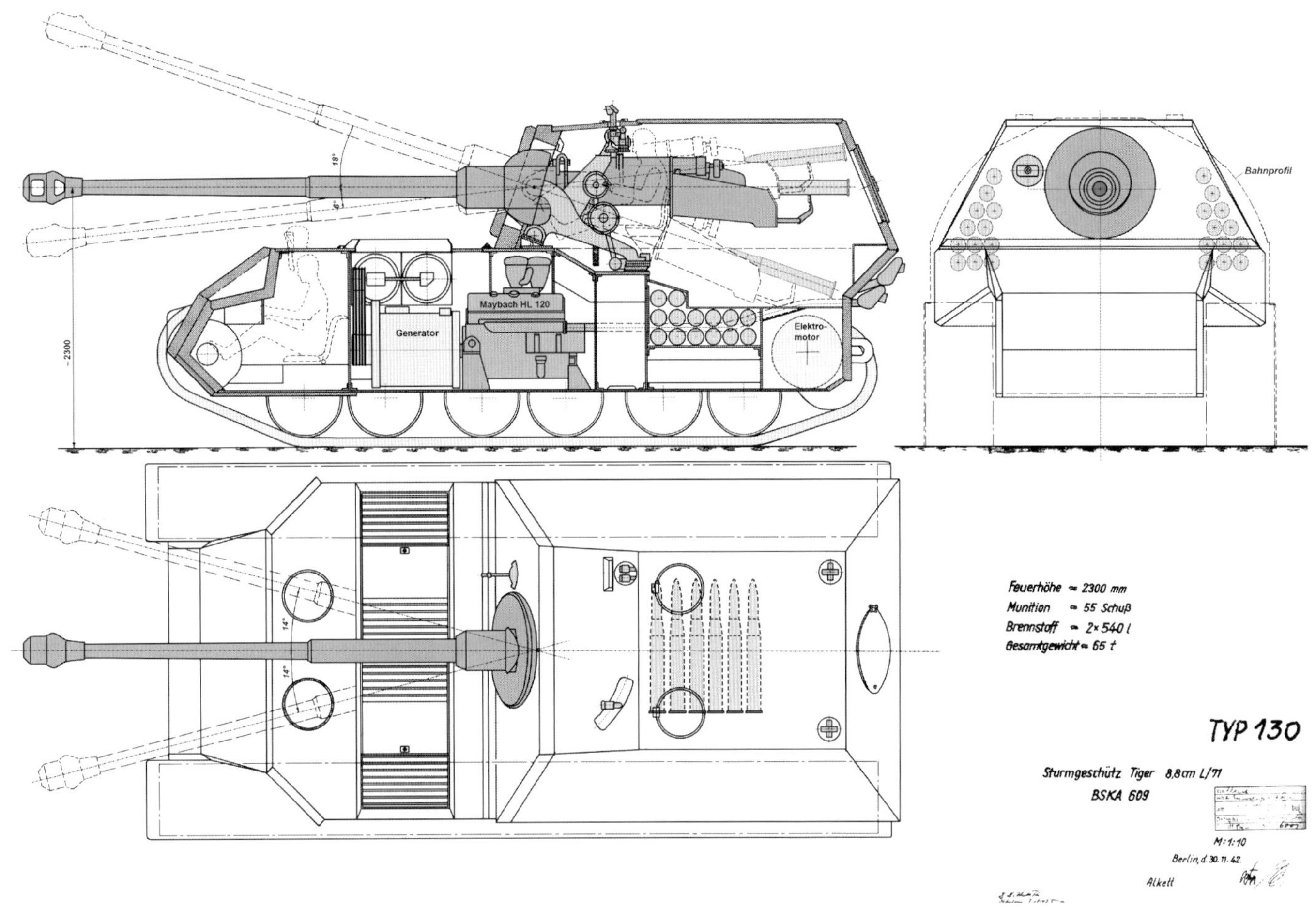

Der Alkett-Entwurf vom 30. November 1942 sah neben einer »begradigten« Zusatzpanzerung vor der Front ein Maschinengewehr im Aufbau vor. Das HWA hielt dies jedoch für unnötig, was sich später als gravierender Fehler erweisen sollte. Die Bezeichnung Typ 130 in dieser Zeichnung ist irrig, da der Porsche Typ 130 die Bezeichnung eines geplanten Porsche-Tigers mit wassergekühlten Motoren war.

Berechnungsgrundlage dafür war ein amtliches Wiegen anlässlich der Vorführung in Berka, das ein Gesamtgewicht des Porsche-Tigers von 59 t und ein Turmgewicht von 10 t ergab. Daraufhin erfolgte am 28. Dezember 1942 bei der Firma Alkett ein erneutes Wiegen des Fahrgestells ohne Deckplatte, Wannenaufbau und Kettenschutz mit 350 Liter Kraftstoff. Dieses ergab ein Gewicht von 40,68 t. Dazu rechnete Alkett das Gewicht der Wannenaufbauwinkel mit 1,5 t, den Kettenschutz mit 0,2 t, die noch fehlenden 650 Liter Kraftstoff mit 0,5 t, die Motorabdeckung mit 3,6 t, den Panzer-Aufbau mit 13,55 t, das Geschütz mit 3,53 t, die Frontverstärkung mit 2,13 t, die Munition und die Halterungen mit 1,25 t, die Ausrüstung und die Besatzung mit 0,83 t und die Werkzeuge und Ersatzteile mit 0,8 t. Die Summe ergab ein Gefechtsgewicht von **68,57 t**. Damit war das Gewicht an eine Grenze gestoßen. Das Laufwerk wie auch der Antrieb waren ursprünglich für ein Fahrzeuggewicht von 45 t ausgelegt. Im Laufe der Entwicklung des Porsche-Tigers war das Gewicht auf die oben genannten 59 t angestiegen. Durch die neuerliche Gewichtserhöhung war nicht nur das von Professor Porsche angegebene Höchstgewicht von 65 t überschritten, sondern machte auch den erwarteten Vorteil des besseren Leistungsgewichtes durch den Einbau der Maybach-Motoren zunichte. Zudem überschritt es die Grenztragfähigkeit der für die Flussüberquerung der Fahrzeuge notwendigen Pioniergeräte von 65 t.[1]

[1] BAMA: RH 8-1567

Die Rohbauwanne des Porsche-Tigers vom Typ 101 vor dem Umbau. In den Seitenkästen befanden sich ursprünglich die Gebläse der luftgekühlten Benzinmotoren. (WS)

Das erste bei Alkett hergestellte 8,8-cm-Porsche-Sturmgeschütz L/71. Mit hoher Wahrscheinlichkeit das handwerklich gefertigte Vorserienfahrzeug mit der Nummer 150 010. (WS)

Der Umbau der fertigen Rohbauwanne des Porsche-Tigers in eine Sturmgeschütz-Wanne vom Typ 131 war erheblich. Nicht nur, dass viele Panzerbleche entfernt werden mussten, es entstanden durch die neue Raumaufteilung (die Motoren samt Generatoren waren jetzt mittig angeordnet) geänderte Wartungsöffnungen und Querwände. Nur die Elektromotoren (nicht im Bild) verblieben an ihrem alten Platz im Heck. In der Mitte des Wannenbodens die Befestigung für die beiden Lichtmaschinen und deren Spannrollen (Pfeil). (WS)

Da die für den Porsche-Tiger gelieferten Wannen für das Sturmgeschütz-Fahrgestell in dieser Form nicht verwendet werden konnten, änderte die Eisenwerke Oberdonau GmbH in Linz die Wannen entsprechend um. So wurden an das Nibelungenwerk 15 Wannen, im Februar 26 Wannen, im März 37 Wannen und schließlich im April 12 Wannen geliefert.

Als am 26. Januar 1943 die Panzerkommission im Rüstungsministerium tagte, berichtete Porsche zum Abschnitt **»Sturmgeschütz auf Tiger P«**, dass das Gewicht des Fahrzeugs 69 t betrug und die Geschwindigkeit auf 20 km/h limitiert werden musste. Für die aufgetretenen Kettenbrüche wurde die ungeeignete Federung als primäre Ursache gesehen. Deshalb mussten Ketten und Federungen geändert werden. Es war noch zu klären, wo die zuvor benötig-

ten Beschussversuche stattfinden sollten. Dies mussten die Verantwortlichen von Wa Prüf 6 noch festlegen. Infrage kamen entweder Kummersdorf-Schießplatz oder Hillersleben. Zum Thema eines dringend benötigten Panzer-Bergegerätes schlug Porsche die Verwendung eines Porsche-Tigers mit dem von Voith entwickelten hydraulischen Antrieb vor. Die Kommission entschied sich jedoch für ein Bergegerät auf der Basis von Panther-Bauteilen.

Am 6. Februar 1943 verlangte Hitler eine beschleunigte Fertigstellung der 90 Sturmgeschütze auf Fahrgestell Porsche-Tiger mit der langen 8,8-cm-Kanone und 200-mm-Panzerung. Trotz des Hinweises auf die noch bestehenden Mängel am Laufwerk und die noch notwendigen Fahrversuche forderte Hitler, dass das Fahrzeug mit allen zur Verfügung stehenden Mitteln in seiner noch erforderlichen Erprobung und seiner Fertigstellung so zu unterstützen sei, dass unter kürzestem Anlauf Fahrzeug für Fahrzeug an die Front gebracht werden konnte.[2]

Porsche schickte am 16. Februar seinen Elektrospezialisten Otto Zadnik wegen des Sturmgeschützes zu Alkett nach Berlin, obwohl der Entwicklungsschwerpunkt der Firma Porsche zu dieser Zeit auf dem Porsche Typ 205, dem Panzerkampfwagen »Maus«, lag. So gab es im Tagebuch von Porsches Chefkonstrukteur Karl Rabe nur 13 Einträge zum Sturmgeschütz Typ 131, während es zum Typ 205 knapp 200 Einträge waren. Daran kann die Bedeutung der

[2] W.A. Boelcke: Deutschlands Rüstung im Zweiten Weltkrieg, S. 228.

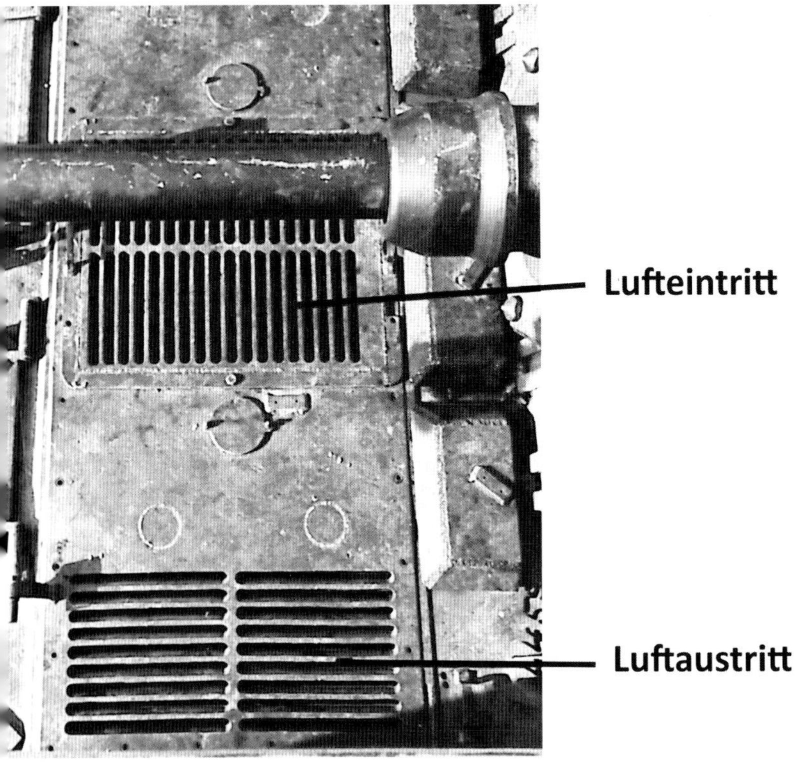

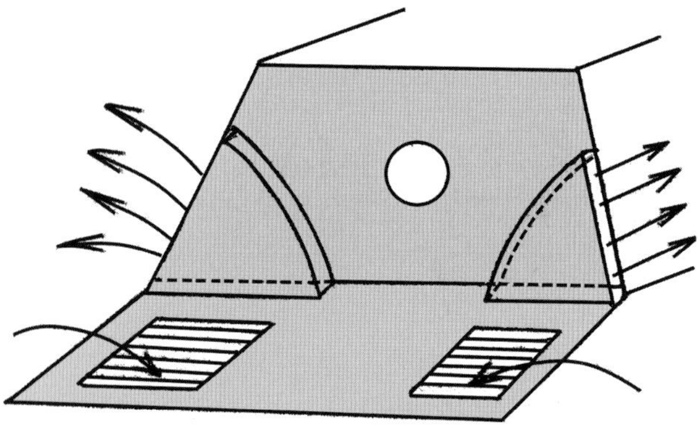

Vorschlag einer verbesserten Abluftführung, um eine übermäßige Erwärmung des Kampfraumes zu vermeiden, der allerdings nicht realisiert werden konnte.

Arbeiten am Sturmgeschütz im Vergleich zur Arbeit an der »Maus« durchaus verglichen werden. Einzig Porsches Oberingenieur Xaver Reimspieß war verstärkt im Nibelungenwerk in die Arbeiten am »Ferdinand« eingebunden.
Am 10. Februar unternahmen Angehörige der Verskraft im Gelände der Firma Alkett erste Messungen und Erprobungen mit dem Alkett-Versuchsfahrzeug. Vermutlich handelte es sich dabei um das Fahrgestell 150 010, da sich das spätere Kummersdorfer Versuchsfahrzeug mit der Fahrgestell-Nummer 150 011 laut Bericht vom 23. März des Nibelungenwerkes noch im Konstruktionsstand eines Porsche-Tigers befand.
Die ersten Temperaturmessungen der einstündigen Fahrt zeigten kritische Werte. Die Luftführung erfolgte für die Generatorkühlung durch Ansaugen der Luft aus dem Raum für Fahrer und Funker. Der Motorraum wurde durch zwei besondere, im Boden des Kampfraumes untergebrachte Kühlluftgebläse belüftet. Zur Kühlung der Elektromotoren war an der vorderen Stirnseite der Generatoren ein spezielles Gebläse eingebaut. Von diesem Gebläse wurde die Kühlluft über zwei seitliche Luftführungskanäle den Elektromotoren zugeführt. Die Abluft trat hinten mittig aus dem Fahrzeug. Um den Kampfraum vor unnötiger Wärmebelastung zu schützen, wurden die Auspuff-Rohre, statt wie geplant am Heck, seitlich aus der Wanne geführt. Dadurch musste allerdings aus Platzgründen auf einen Schalldämpfer verzichtet werden.
Die gründliche Untersuchung der erhöhten Kühlwassertemperaturen förderte einen Fehler in der mangelhaften Spannvorrichtung der Lüfter-Keilriemen zutage. Die Keilriemen-Spannrolle lief schräg, so dass dadurch die Riemen oft abgeworfen wurden. Die Keilriemen-Abmessung war anormal, so dass Keilriemen in gebräuchlichen Abmessungen künstlich gelängt werden mussten. Dies ging natürlich auf Kosten der Lebensdauer dieser überstreckten Riemen. Damit stellte sich auch die Frage, wie ein Nachschub dafür vorgesehen war. Das Wechseln dieser Keilriemen wurde zudem wegen eines zu geringen Abstandes der Keilriemenscheiben von der Trennwand (*zum Fahrerraum – d.A.*) sehr erschwert. Auch waren die Kegelradgetriebe des Antriebes zu schwach dimensioniert, was später zu deren vorzeitigen Ausfall führte. Für die notwendige Ölstandsmessung besaß dieses Getriebe keine Überlaufschraube. Deshalb war die richtige Ölmenge unbekannt. Diese mangelhafte Konstruktion führte später zum Ausfall von 75 % der Antriebe nach ca. 200 km Fahrstrecke.
Weitere Probleme, die sich im Einzelnen ergaben:

- Die anstelle der Gasgestänge verwendeten Bowdenzüge waren schlecht verlegt und verursachten ungleiche Widerstände, was zu Unterschieden in der Motordrehzahl der Maybach-Motoren führte.
- Die ungenügend isolierte Kraftstoffleitung des linken Tankes führte zu nahe an dem Auspuffrohr vorbei. Um die Leitungen und Absperrventile an der vorderen Trennwand im Funkerraum zu schützen, wurde das An-

bringen einer Schutzleiste vorgeschlagen.

- Die elektrische Pallas-Kraftstoffpumpe wurde nicht als betriebssicher genug angesehen. Deshalb schlug man vor, dass ein Kraftstoffbehälter mit einer Fall-Leitung zur Anwendung kommen sollte, der auch gleichzeitig für den Anlass-Kraftstoff verwendet werden konnte.
- Ein veränderter Einbau des sogenannten »Fuchsgerätes« zum Anwärmen des Kühlwassers war auf Grund der zu erwartenden Kreislaufstörungen und ungenügender Bedienfreiheit notwendig.
- Die Kühlwasserschläuche waren auf Grund schlechter Befestigungen und Führung anfällig für Scheuerstellen.
- Die Ablassöffnung des Kühlwassers war durch die Verwendung von 48 (40 laut Bild?) Schrauben sehr aufwändig. Deshalb erfolgte der Vorschlag, einen einfacher zu öffnenden Deckel zu konstruieren. Auch die schwer zugängliche Ablass-Schraube des Fuchsgerätes war verbesserungswürdig.
- An der Druckluftanlage war der Ate-Kompressor zwecks einer Ölstand-Kontrolle auf Grund eines verschraubten Abdeckbleches im Kampfraum schwer zugänglich.
- Die Betätigung des Ölspaltfilters war durch die davor befindliche Fahrersitzhalterung sehr schwer zugänglich.
- Der Ausbau des Deckels auf dem Fahrschalter war durch vorstehende Schrauben unmöglich. Der Deckel des Schaltkastens war aus zu dünnem Blech hergestellt worden, so dass bei einem Drauftreten die Gefahr von Kurzschlüssen bestand.
- Die Wasserpumpen-Keilriemen für die Maybach-Motoren führten zu dicht am Auspuffrohr entlang. Auch die Spannrollen der Lichtmaschinen-Keilriemen stießen schon nach geringem Nachspannen auf die Führungsrollen. Die Spannvorrichtung sollte geändert werden.
- Die fehlende Schalldämpfung der Auspuffanlage wurde aus taktischen Erwägungen kritisiert. Problematisch war auch die Verwendung von federnden Rohrenden an den Auspuffleitungen, die schon im Panzerkampfwagen Ia zu laufenden Störungen führten. Dieser Fehler sollte nicht wiederholt werden.
- Die Anlasswicklungen der Generatoren konnten durch den Wegfall des Anlassschalters nicht genutzt werden. Bei einer Überlastung der vorhandenen elektrischen und der Schwungkraftanlasser durch die hohe Schwungmasse des Läufers war der Fortfall dieser sicheren Anlass-Möglichkeit sehr bedauerlich. Der Grund dafür lag vermutlich daran, dass die Maybach-Motoren HL 120 eine größere Verdichtung von 1:6,5 besaßen und durch die stärkere Kompression schwerer durchzudrehen waren.
- Zum Fremdstarten mit externen Stromquellen war eine Steckdose sehr erwünscht, zumal die notwendigen Kabel schon vorhanden waren.
- Es gab Probleme bei der Abstimmung der elektrischen Anlage. Bei hoher Belastung wurde die Drehzahl der Verbrennungsmotoren so verringert, dass nur noch ein Teil der Motorleistung zur Verfügung stand. So erfolgte im Versuch ein Drehzahlabfall auf 1300 bis 1500 U/min, was etwa der halben Höchstleistung entsprach.
- Die aktuellen Abschlepphaken ermöglichten kein Abschleppen mittels Abschleppstangen. Deshalb schlug man die Montage eines waagerecht liegenden, mittigen Abschlepphakens am Heck vor. Diese Bohrung sollte die Verwendung der Abschleppgabel des Henschel-Tigers ermöglichen. Die am Bug angebrachten Abschlepphaken sollten ebenfalls eine entsprechende Bohrung für die Bolzen der Abschleppgabel besitzen.
- Die Befestigung des Betätigungsgestänges des Schwungkraftanlassers war zu schwach. Auch sollte die Halterung der Führungshülse der Andrehwelle so-

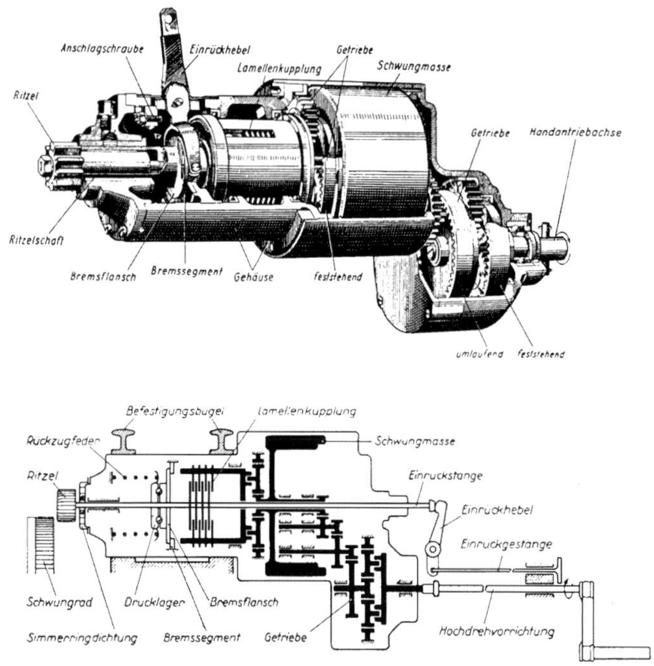

Er gehörte zur Standartausrüstung deutscher Panzer, der mechanisch betätigte Schwungkraftanlasser. (WS)

Porsche und Zadnik mit dem Fahrgestell 150 012 auf einer Probefahrt im Werksgelände. Am Fahrgestell 150 012 ist noch die alte Fahrgestell-Nummer 150 067 erkennbar. (PA)

wie das Aufziehen des Schwungkraftanlassers durch zwei Mann bei eingebauter Kanone und aufgesetztem Aufbau geprüft werden.

- Für die Reparatur sollte noch eine Ausbauvorrichtung für das Laufwerk entwickelt werden. Unklar war der feldmäßige Ausbau des Motor-Generator-Satzes, der Elektromotoren, des Lüfter-Satzes, des Geschützes sowie des Aufbaues. Für diese Werkstattarbeiten war laut Wa Prüf 6 ein Portalkran der Firma Fries (»Strabokran« bis zu 16 t Hubkraft – d.A.) notwendig.

Die nächste Sitzung der Panzerkommission am 17. Februar beinhaltete u.a., dass die drei Musterfahrzeuge vom »Tiger« P 2 bzw. VK 4502 »in erster Linie als Versuchsfahrzeuge für die Erprobung des neuen, auch bei der ›Maus‹ verwendeten Laufwerkes anzusehen waren. Die Herstellungsarbeiten mussten auf Weisung von Hauptdienstleiter Saur zu Gunsten der beschleunigten Fertigung des Tiger-Sturmgeschützes vorübergehend zurückgestellt werden«[3]. Des Weiteren stellte sich zum Thema »Sturmgeschütz Tiger P« die Frage nach der Versorgung der Truppe mit den notwendigen Ersatzteilen und Spezialwerkzeugen, um feldmäßige Arbeiten am Sturmgeschütz ausführen zu können.

Deshalb beschloss die Kommission, dass Oberstleutnant Stollberg, der den Instandsetzungskurs im Nibelungenwerk leitete, eine Auswahl der notwendigen Einrichtungen und Werkzeuge zu treffen sowie deren Fertigung beim Nibelungenwerk (*Antrieb und Fahrgestell*) bzw. bei Alkett (*Aufbau und Bewaffnung*) zu veranlassen hatte. Professor Porsche wies darauf hin, dass es dringend notwendig wäre, die entsprechenden Ersatzteile anzufertigen.

Die ursprüngliche Absicht des HWA, die Ersatzteile an der Front gegenseitig aus beschädigten Fahrzeugen zu entnehmen, sah er als untragbar an. Welche erste Ausstattung an Ersatzteilen zu erfolgen hatte, sollte gemeinsam mit Oberstleutnant Stollberg festgelegt werden. Oberst Thomale wies zudem auf die notwendige militärische Fahrausbildung hin, worauf die Teilnehmer beschlossen, die Fahrgestelle Nr. 150 004, 005 und 006 für diesen Zweck in St. Valentin bereitzustellen[4]. Diese genannten Fahrgestell-Nummern waren allerdings noch die Nummern der Porsche-Tiger-Wannen, da die Fahrgestell-Nummern der Sturmgeschütze geändert wurden und von 150 011 bis 150 100 liefen.

Auf dem Schießplatz in Hillersleben fand am 2. März 1943 eine allgemeine Funktionserprobung des 8,8-cm-Geschützes statt. Insgesamt wurden 50 Schuss unter der Ausnutzung des gesamten Höhen- und Seitenrichtbereiches abgegeben. Die oft auftretenden Hülsenklemmer wurden auf eine defekte Rohrbremse geschoben, da bei dem ersten Beschuss in Meppen dieses Problem nur vereinzelt aufgetreten war. Der Rückstoß des Geschützes hatte auf das Fahrzeug nur eine geringe Auswirkung. Es erfolgte während des Schusses nur eine Rückwärtsbewegung von 30 bis 50 mm. Auch das Absaugen der Rauchgase wurde mittels des über dem Bodenstück angebrachten Entlüfters mit einer Förderleistung von 12 m^3/min als ausreichend betrachtet. Mit fünf Personen im Kampfraum wurde ein Schnellfeuer von zweimal 10 Schuss bei geschlossenen Luken abgegeben.

[3] PA.M. K1.4.2-59
[4] PA.M. K1.4.2-60

Dabei traten keine Atemschwierigkeiten auf. Um die Absaugleistung noch zu erhöhen, wurde eine etwas vergrößerte Deckenöffnung vorgesehen. Da der Schlepp-Panzerdeckel über der Zieloptiköffnung noch nicht befestigt war, konnte dessen Auswirkung auf die Seitenrichtkraft noch nicht geprüft werden.

Anschließend kamen im Gespräch noch stichpunktartige Fakten dazu:

- Das komplette Fahrzeug wog mit Ausrüstung 65 t.
- Die Fahrgeschwindigkeit betrug auf der Straße 28 km/h, im Gelände 10 km/h.
- Das Fahrzeug grub sich bei 30° Steigung und Sandboden selbst ein.
- Während der Versuche in Berka mit dem Porsche-Tiger wurden Stromstärken von 800 bis 1000 Ampere festgestellt. Beim »Ferdinand« war bei Versuchen die Stromstärke auf 2000 Ampere gestiegen, wobei Siemens die Ursache dafür noch nicht gefunden hatte.
- Die Truppe beanstandete, dass zum Motorwechsel der 15 t schwere Aufbau abgenommen werden musste.
- Im Fahrzeug befanden sich 26 Schuss fest eingelagert, weitere 14 Schuss sollten lose mitgeführt werden.

Am 19. März 1943 fand vor Hitler auf dem Schießplatz Rügenwalde eine Waffenvorführung statt. Im Mittelpunkt stand das 80-cm-Geschütz »Gustav« (*nach der »Dora« das zweite Geschütz dieser Art – d.A.*). Mit dabei war ein Sturmgeschütz »Ferdinand« sowie ein Panzer IV mit Panzerschürzen. Guderian, seit dem 28. Februar 1943 Generalinspekteur der Panzertruppe, schrieb über den »Ferdinand«, dass dieser außer der langen Kanone keine Waffe an Bord hatte und dadurch im Nahkampf wehrlos war. Hierin lag seiner Meinung nach, trotz seiner starken Panzerung und seiner guten Kanone, seine Schwäche. Da er nun einmal gebaut war, musste er auch verwendet werden, auch wenn Guderian Hitlers Begeisterung über dieses Fahrzeug aus taktischen Gründen nicht teilen konnte[5]. Da Sturmgeschütze normalerweise der Artillerie unterstanden und zur Infanterie-Unterstützung vorgesehen waren, legte Hitler in einer Weisung fest, dass dem Generalinspekteur der Panzertruppe auch die schweren Sturmgeschütze unterstanden. So wurde deshalb aus dem Sturmgeschütz »Ferdinand« der Panzerjäger auf Fahrgestell »Tiger P« bzw. Sd. Kfz. 184. So ordnete Guderian als

Eines der bereitgestellten Fahrgestelle während der Fahrschulausbildung. (KHM)

neuer Weisungsberechtigter an: »Die neuen schweren Sturmgeschütze wären nur auf Hauptkampffronten und für Sonderaufgaben einzusetzen. Sie sind in erster Linie Panzerjäger«[6]. Damit hatte sich Guderian erfolgreich gegen den Widerstand der Artillerie-Generäle durchgesetzt, denn prinzipiell war im Dezember 1942 durch das OKH schon entschieden worden, die drei schweren Sturmgeschütz-Abteilungen 190, 197 und 600 mit je 30 Fahrzeugen unter dem Befehl des Generals der Artillerie auszurüsten. Guderian benannte am 28. Februar die Abteilungen 190 und 600 in leichte Sturmgeschütz-Abteilungen um. Die Sturmgeschütz-Abteilung 197 verlegte er am 21. Januar 1943 nach Jüteborg. Am 1. April 1943 wurde die Sturmgeschützabteilung 197 nach Bruck an der Leitha/Österreich verlegt und anschließend in schwere Panzerjäger-Abteilung 653 umbenannt. Damit erfolgte offiziell eine Versetzung von der Sturmartillerie zur Panzertruppe.

[5] Guderian: Erinnerungen eines Soldaten, S. 271
[6] S.o., S. 269

Der Funktionsbeschuss in Hillersleben erfolgte auch in der größten Rohrerhöhung. (WS)

Anlässlich der Vorführung in Rügenwalde am 19. März stand der »Ferdinand« im Schatten des gewaltigen 80-cm-Geschützes »Gustav«. (Hoff-47511)

Hitler, Porsche und Speer während der Besichtigung des »Ferdinand« am 19. März in Rügenwalde. Oberst Holzhäuer erläuterte am Fahrzeug den Fahrerplatz. Hitler zeigte sich begeistert. (Hoff-47547)

Oberst Holzhäuer, Chef von Wa Prüf 6, zeigt Hitler über die offene Hecköffnung den Kampfraum. Darunter steht Karl-Otto Saur, dahinter Porsche und Speer. (Hoff-47512)

Die Firma Krupp wurde von dem Wannen-Umbau des Porsche-Tigers entbunden, da Saur nachdrücklich verlangte, dass Krupp alle Kräfte auf den Bau des Panzerkampfwagens »Maus« zu konzentrieren hatte. Da Alkett anschließend die Montage der »Maus« übernehmen sollte, blieb nur noch das Werk in St. Valentin. Das Nibelungenwerk, welches schon einen Teil der Porsche-Tiger montiert hatte, wurde damit zum alleinigen Umbau- und Montagebetrieb dieser neuen Sturmgeschütze. Schon im Februar waren zur Unterstützung Mitarbeiter der Firma Alkett nach St. Valentin gesandt worden. Dennoch war dies keine Serienproduktion im eigentlichen Sinne, sondern eine **»Notlösungsproduktion«**[7]. Dies verursachte im Nibelungenwerk große Schwierigkeiten, zumal Alkett die Konstruktionszeichnungen nicht termingerecht liefern konnte und später die durch die aufkommenden Probleme notwendigen Änderungen den Produktionsablauf im Werk nochmals sehr störten.

Am 23. März 1943 traf sich die Panzerkommission im Nibelungenwerk zu ihrer nächsten Sitzung. Dabei ging es natürlich um das Tiger-Sturmgeschütz. Saur wies als Erstes auf die Vorführung des Fahrzeuges vor Hitler und die unbedingte Notwendigkeit hin, die Sturmgeschütze so schnell als irgend möglich frontreif zu bekommen. Kritiken sollten nur ausgesprochen werden, wenn diese in der Zukunft auch nützlich waren. Hitler hatte befohlen, dass die 90 Fahrzeuge so herzustellen seien, dass sie einsatzfähig wären. Deshalb hatte die gesamte Fertigung im Nibelungenwerk zu erfolgen. Zu diesem Zweck sollte ein wesentlicher Teil des Alkett-Werkes nach St. Valentin verlegt werden. Bereits am nächsten Tag wurden ein Teil des Fabrikationsumfanges und 120 Arbeiter von Alkett mit Hilfe von 36 Waggons nach St. Valentin verlegt. Kritiken daran sollten, wie schon zuvor ausgeführt, im Gesamtinteresse unterlassen werden.

Saur beschwor die eiserne Kameradschaft beider Werke. Meister Hahne von Alkett hatte das Sagen und deshalb

[7] M. Winniger: Das Nibelungenwerk. S. 207

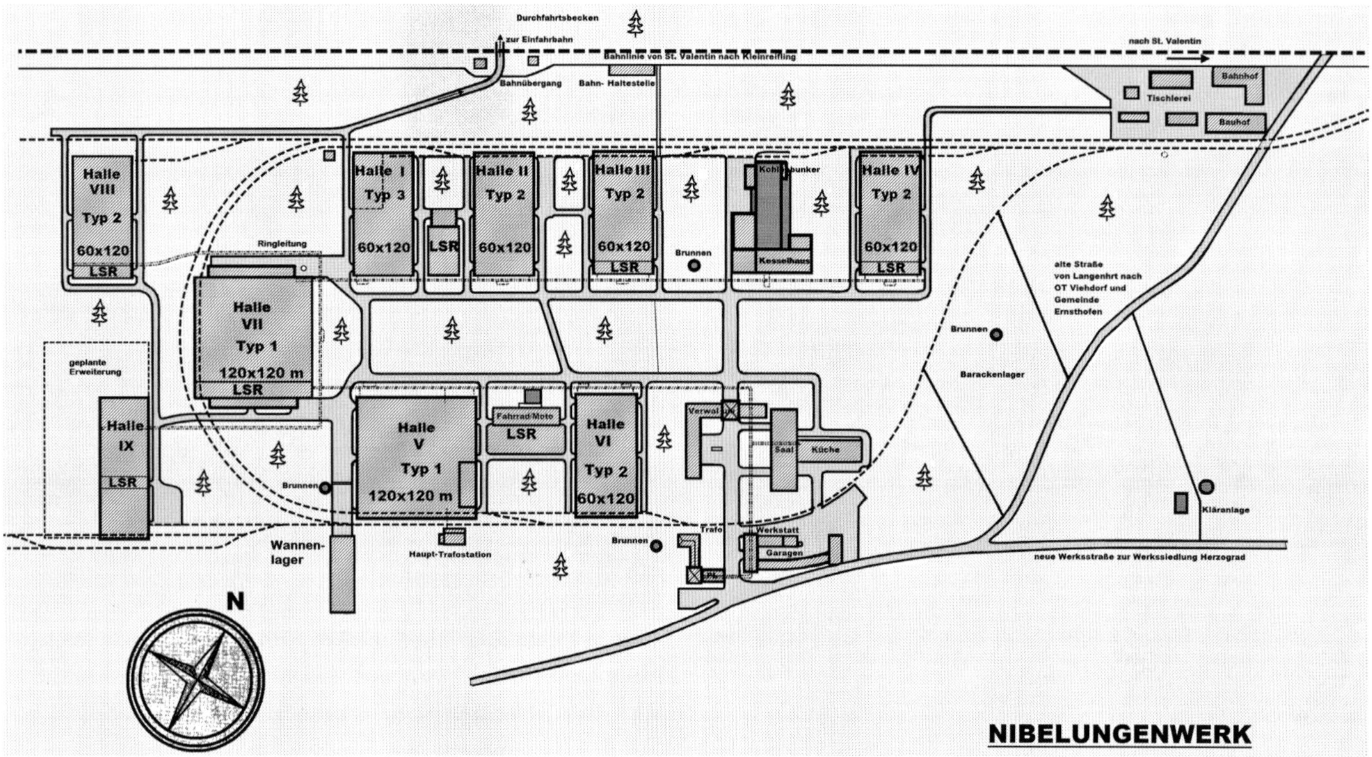

Plan des Nibelungenwerks.

sollte nach seinem Programm gearbeitet werden. Betriebsleiter Hahne war schon hochdekoriert mit dem Ritterkreuz zum Kriegsverdienstkreuz. Seine Mannschaft war von Ende März bis Anfang Mai für das Aufsetzen der Aufbauten auf die Fahrgestelle verantwortlich[8]. Saur betonte, dass er und Professor Porsche Hitler versprochen hatten, dass die Fahrzeuge mit Ausnahme der Mängel, die sich noch ergaben, baldmöglichst, **wenn auch beschränkt**, einsatzfähig wären. Hitler war also die beschränkte Einsatzfähigkeit bekannt. Die Fahrzeuge sollten nicht im Gebirge eingesetzt werden und es gab keine besonderen Forderungen an die Konstruktion. Die 90 Fahrzeuge sollten geschlossen eingesetzt werden, so dass auch die gesamte Mannschaftsausbildung als Einheit betrachtet werden konnte.

Saur betonte, dass diese 90 Fahrzeuge bis zum 12. Mai 1943 einsatzfähig sein müssten. An diesem Termin durfte nicht mehr gerüttelt werden und er sollte unter allen Umständen und rücksichtslos gehalten werden. Die Firma Siemens hatte die Aufgabe, ebenfalls eine Kommission aufzustellen und die Arbeit vor Ort zu überwachen und zu leiten. Saur lehnte Porsches Vorschlag ab, zunächst die ersten 30 Fahrzeuge in ihren Grundeigenschaften zu überholen. Diese Arbeiten sollten erst nach der Herstellung der 90 Fahrzeuge erfolgen, damit der ganze Einsatz überhaupt keinem Risiko ausgesetzt wurde.

Weiterhin betonte Saur, dass dieser ganze Einsatz für das Nibelungenwerk eine Auszeichnung und Bewährungsprobe zugleich war. Ein Werk, das eine solche gemeinsame Aktion schaffte, war noch zu anderen Höchstleistungen geeignet. Damit bezog er sich auf eine wesentliche Produktionssteigerung der Panzerkampfwagen IV-Herstellung im Nibelungenwerk.

Direktor Judtmann berichtete als Nächstes über den Stand der Fertigung des Sturmgeschützes:

150 011 befand sich noch im Konstruktionsstand des Porsche-Tigers,

150 012 wurde noch nicht vom Heer abgenommen,

150 013 bis 018, 019 bis 023 und 025 bis 030 wurden dem Wehrkommando übergeben,

150 024, 031 bis 033 und 035 bis 036 wurden vom Werk freigegeben,

[8] M.Winninger: Das Nibelungenwerk, S. 212.

Die 8,8-cm-Pak 43/2 im eingebauten Zustand und ohne das davor liegende Gehäuse. Unten die aufgestellten Fahrzeuge in der Halle VII kurz vor der Fertigstellung. Die Halle war in diesem Teil verdunkelt. (PA)

Die Fahrzeuge 150 051 und 150 053 im Vordergrund kurz vor vollendeter Montage. Die Montage der Sturmgeschütze benötigte die Hälfte der Hallenkapazität. Die Halle VII war eigentlich für die Endfertigung der Panzer IV vorgesehen, so dass die Serienfertigung des Panzerkampfwagens IV einbrach. (PA)

In der Mitte der Halle VII die abgelegten 8,8-cm-Geschütze des »Ferdinand«, dahinter die Gehäuse dafür. (PA)

150 034 und 037 befanden sich beim Einfahren und **150 038 bis 060** befanden sich in der Produktion.
Die Februar- und März-Lieferung sollte aus 50 Fahrzeugen bestehen. Im Februar konnten, wie geplant, die ersten 15 Fahrgestelle geliefert werden. Auf Grund der teils schon genannten Probleme war es im März nur möglich, statt der vorgesehenen 35 Fahrgestelle nur 20 zu liefern. Als der Direktor des Nibelungenwerkes auf die Gründe der Verzögerung eingehen wollte, wurde auf einen Bericht verzichtet. Schwierigkeiten ergaben sich u.a. bei der Abstimmung der Maschinensätze und dem Prüfen der Generatoren durch Siemens, bei der Kühlanlage und bei den

Für die Hallenkräne der Halle VII waren die 65-t-Fahrzeuge kein Problem. (PA)

Benzinpumpen. Der Aufwand für den Umbau betrug etwa 400 Stunden pro Fahrzeug.
Zum Thema Ausbildung konnte berichtet werden, dass die ersten 10 Fahrzeuge der Truppe zur Ausbildung übergeben wurden. Ein Fahrzeug davon erhielt die Firma Siemens zur Erprobung in Kummersdorf-Schießplatz. Das Versuchsfahrzeug sollte im Werk verbleiben.
Das Ausbildungskommando bestand nunmehr aus zwei Panzerjäger-Abteilungen, die in Döllersheim stationiert werden sollten. Dabei bestand für die Truppe die Möglichkeit, auftretende Mängel an den Fahrzeugen sofort festzustellen. Oberstleutnant Below war dafür verantwortlich. Das gesamte Kommando bekam die Weisung, von Jüteborg nach Döllersheim zu verlegen. Da alle fertiggestellten Fahrzeuge vom Nibelungenwerk nach Döllersheim zu liefern waren, sollte ein Werkkommando gemeinsam mit Alkett-Mitarbeitern für Döllersheim bereitgestellt werden. Nur die Panzerwarte konnten noch zur Ausbildung im Nibelungenwerk verbleiben. Oberstleutnant Stollberg warf ein, dass die Fahrlehrer der 1. Abteilung noch nicht mit der Ausbildung hier in St. Valentin fertig waren. Saur bestand jedoch auf der Fahrausbildung in Döllersheim. Zadnik sprach sich dafür aus, auch die nicht fertigen Fahrzeuge dahin zu entsenden, damit sich auch die Truppe mit den noch vorhandenen Mängeln vertraut machen konnte. Es erfolgte eine Aufstellung über Probleme und Mängel der Konstruktion. Oberst Esser berichtete, dass die Kohlebürsten sehr stark durch den Sandboden in Kummersdorf verschmutzen und deshalb gereinigt werden müssten. Allerdings war dies im jetzigen Zustand nicht möglich. Er schlug vor, die Bürstenträgerringe so zu drehen, dass ein Auswechseln der Schleifkohlen im eingebauten Zustand möglich war. Saur forderte, dass zuvor eine genaue Ermittlung erfolgen musste, da ein späterer Umbau aus Zeitmangel nicht mehr möglich war. Dies musste alles genau mit dem Werk geregelt werden. Ein wesentlicher Teil der Ausbildung sollte sich genau auf diese Dinge erstrecken. Deshalb mussten in Döllersheim neben den Mitarbeitern aus dem Nibelungenwerk und von Alkett auch die der Firma Siemens vertreten sein.
Weiter berichtete Alkett, dass der Lüfterantrieb verstärkt werden musste, so dass nur noch Fahrzeuge mit diesem neuen Riemenantrieb das Werk verließen. Das Fahrzeug musste in seinen Fahreigenschaften der Einsatzbereitschaft angepasst werden. Die Truppe hatte zu wissen, inwieweit das Fahrzeug beansprucht werden durfte.
Seitens Siemens wurde festgestellt, dass der Elektroantrieb zu schwach war, so dass Folgeerscheinungen zu erwarten waren. Die Firma beschäftigte sich schon mit diesem Problem. Das Kommando von Siemens bestand aus 12 Mitarbeitern und wurde in Form von einzelnen Gruppen bei der Truppe zur Erfahrungsübermittlung eingesetzt.
Zadnik und Judtmann sprachen als Nächstes Installationsmängel an, bei denen nach elektrischen Überschlägen fünf Maschinensätze getauscht werden mussten. Deren Ursachen waren noch nicht restlos geklärt, waren aber mit einer Überbeanspruchung nicht erklärbar. Der Direktor war der Meinung, dass es mit den Bremsströmen zusammenhängen könnte. Die aufgetretenen Motordefekte hat-

ten ihre Ursache im Hauptfahrschalter, die daraufhin nach und nach geändert wurden. Saur sah darin eine Aufgabe für Siemens und forderte eine Aufstockung des Kommandos. Siemens machte ebenfalls die zu hohen Bremsströme dafür verantwortlich.

Die Änderungen an dem Hauptfahrschalter sollten verhindern, dass der Fahrer, meistens unbeabsichtigt, zu starke Bremsströme verursachte. Bei den mit den neuen Schaltern gefahrenen Übungen konnte ein Hang ohne Schwierigkeiten befahren werden. Dabei konnte die Dauer der Belastung von 1200 Ampere etwa 10 Minuten betragen. Bei weichem Sand dagegen stieg der Strom auf 2000 Ampere, der nur für eine Minute zugelassen werden durfte. Rechnete man den Steigungswiderstand ab, so blieb ein Fahrwiderstand von 800 kg/t. Der Fahrwiderstand stieg in dem Fall so stark, dass der vorhandene Strom nicht mehr ausreichte.

Saur betonte, dass Siemens gerade bei diesem Punkt festlegen musste, welche Beanspruchung zulässig war. Der Fahrer besaß zwar ein Amperemeter, was dieser allerdings von seinem Platz nicht einsehen konnte. Das Anzeigegerät musste unbedingt in den Sichtbereich des Fahrers verlegt werden. Eine Sicherung gegen Überstrom, so wie von Oberstleutnant Holzheuer verlangt, war laut Professor Porsche unmöglich. Porsche forderte dagegen eine Betriebsvorschrift, in der die genauen Grenzen der Belastung festgeschrieben waren. Diese Frage sollte laut Saur nochmals intern besprochen werden. An Hand von Lichtbildern führte Oberstleutnant Stollberg die aufgetretenen Mängel den Teilnehmern nochmals anschaulich vor. Auf die genannten und schon bekannten Fehler, wie Verlegung der Rohrleitungen, Kühlwasserablass, scheuernde Rohre, Kühler und Lüfter, Lenkhebel, Fußbremsgestänge, Drehstabwechsel, Sonderwerkzeuge, Kettenspanner usw., antwortete Michaels von Alkett, dass diese Probleme zum größten Teil schon behoben seien. Allerdings waren diese Mängel zu spät angezeigt worden. Damit war das Wichtigste durchgesprochen worden. Der Vertreter von Wa Prüf 6 ließ es sich nicht entgehen, darauf hinzuweisen, dass das Amt nicht erst nach der Fertigstellung heranzuziehen sei, sondern schon von Anfang an bei der Konstruktion.

Saur zitierte Speer, der die laufenden Änderungen ablehnte und betonte, dass mehr Rücksicht auf die Fertigung der Fahrzeuge genommen werden musste: *»Grundsätzlich gilt, dass 100 Fahrzeuge mit 90% erfüllter Forderungen besser sind, als nur 30 Fahrzeuge mit 100% erfüllter Forderungen. Es ist im Einvernehmen mit Herrn General-*

Das Fahrzeug 150 096 vor der Werkshalle neben einem fertigen Fahrgestell. (PA)

Speer während seiner »üblichen« Probefahrt im Nibelungenwerk. (BA)

oberst von Guderian festgelegt worden, dass die Stoßtruppe der 90 Fahrzeuge baldmöglichst zum Einsatz kommen kann. In diesen fünf Wochen, die bis zum Liefertermin Zeit ist, muss das Höchste herausgeholt werden!«
Zum Thema Ersatzteile betonte Saur, dass gegenüber der Fertigung der 90 Fahrzeuge alles andere in den Hintergrund zu treten habe. Aus diesem Grund war bestimmt worden, dass die Fahrzeuge in ihrer Einheit zusammenblieben, **»da sie sich früher oder später gegenseitig auffressen werden müssen!«**[9]
Albert Speer besichtigte am 31. März 1943 erneut das Nibelungenwerk und unternahm mit einem fertigen Sturmgeschütz »Ferdinand« eine Probefahrt im Werksgelände. Er äußerte sich nach der Probefahrt sehr anerkennend über das Fahrzeug.
Anschließend besichtigte Hitler zusammen mit Speer am 4. April 1943 das Nibelungenwerk, um u.a. die Produktion des Sturmgeschützes »Ferdinand« zu verfolgen. Neben allerlei führenden Kräften waren ebenfalls Professor Porsche und sein Sohn Ferry anwesend.
Von der Wa Prüf 6/3 bekam die Verskraft von Kummersdorf-Schießplatz am 14. April 1943 einen Versuchsauftrag über die Erprobung der Truppentauglichkeit des 8,8-cm-Sturmgeschützes 43/1 (Ferdinand). Es war vorgesehen, dazu den »Ferdinand« mit der Fahrgestell-Nummer 150 011 zu verwenden, der im Mai angeliefert werden sollte.
Am 23. April 1943 bemängelte Professor Porsche die Arbeit von Siemens-Schuckert. Zu den am 21. April aufgezeigten Mängeln vermisste er Vorschläge über wirklich durchgreifende Maßnahmen. Er sah die Beschlüsse nur als Notlösungen an und erwartete zum Beispiel ein robustes Widerstandselement, dass den Betriebs- und Montagebedingungen im Panzer Rechnung trug. Schaltgeräte mit Kontakten und andere sensible Geräte sollten, vergleichbar dem Boschmagnet, geschützt sein, so dass damit jeder Panzerwart umgehen konnte. Auch sah Porsche den verwendeten Bürstenhalter im Panzer für unzulässig an, da schon eine kleine Reibung im Hebel des Kohlebürstenhalters das Fahrzeug zum Stillstand und im Kampf zum Ausfall bringen konnte. Er erwartete von Siemens, dass diese entsprechende Vorschläge machten. Der Professor zeigte sich enttäuscht, dass die bei Alkett gemachten Erfahrungen über Leitungsverlegung, Schutz gegen Wasser, Öl und Schmutz nicht voll ausgenutzt worden waren. Auch sah er die Funk-Entstörung, die im alten »Tiger P« überraschend gut war, im aktuellen Projekt als noch nicht geklärt an. Einen Vorschlag, auf Grund des knappen Termins auf eine Funkverständigung während der Fahrt zu verzichten, hielt er für untragbar[10].

[9] PA.M. K1.4.3-86
[10] PA: M.K1.4.7.

Hitler interessierte sich natürlich besonders für die favorisierte 8,8-cm-Pak 43/2 L/71. (Hoff-47538)

Hitler beim Rundgang durch die Halle VII. Zwischen Hitler und Speer der Obermeister Hahne von Alkett. Links Werksdirektor Judtmann und Gauleiter Jury. (Hoff 47530)

Im Bild neben dem Sturmgeschütz Hahne, Jury, Hitler und Speer. (Hoff-47521)

Anlässlich einer Besprechung am 4. Mai zwischen Hitler und Speer äußerte Hitler sich sehr erfreut, dass die Termine der Auslieferung gehalten werden konnten. Er bedankte sich mit den Worten: *»Die hervorragende Leistung des Heereszeugamtes Wien beim Aufbau der Sturmpanzer und bei der Fertigstellung der ›Ferdinande‹ wird vom Führer anerkannt. Er bittet, dem Heereszeugamt Wien und seinen Männern seinen Dank zu übermitteln.«*[11]

Beim Heer offiziell als **Sd. Kfz 184, Panzerjäger Tiger (P), »Ferdinand«** bezeichnet, existierte auch die Bezeichnung **»Sturmgeschütz mit 8,8 cm Pak 43 auf Fahrgestell Tiger P«**. Am 8. Mai 1943 wurde das letzte Fahrzeug mit der Nummer 150 100 in der Halle VII fertiggestellt. Dadurch konnte der Termin, bis zum 12. Mai die letzten

[11] W.A.Boelcke: Deutschlands Rüstung im Zweiten Weltkrieg, S. 254.

Das letzte umgebaute Fahrgestell mit der Nummer 150 091 verließ am 23. April das Band. (WS)

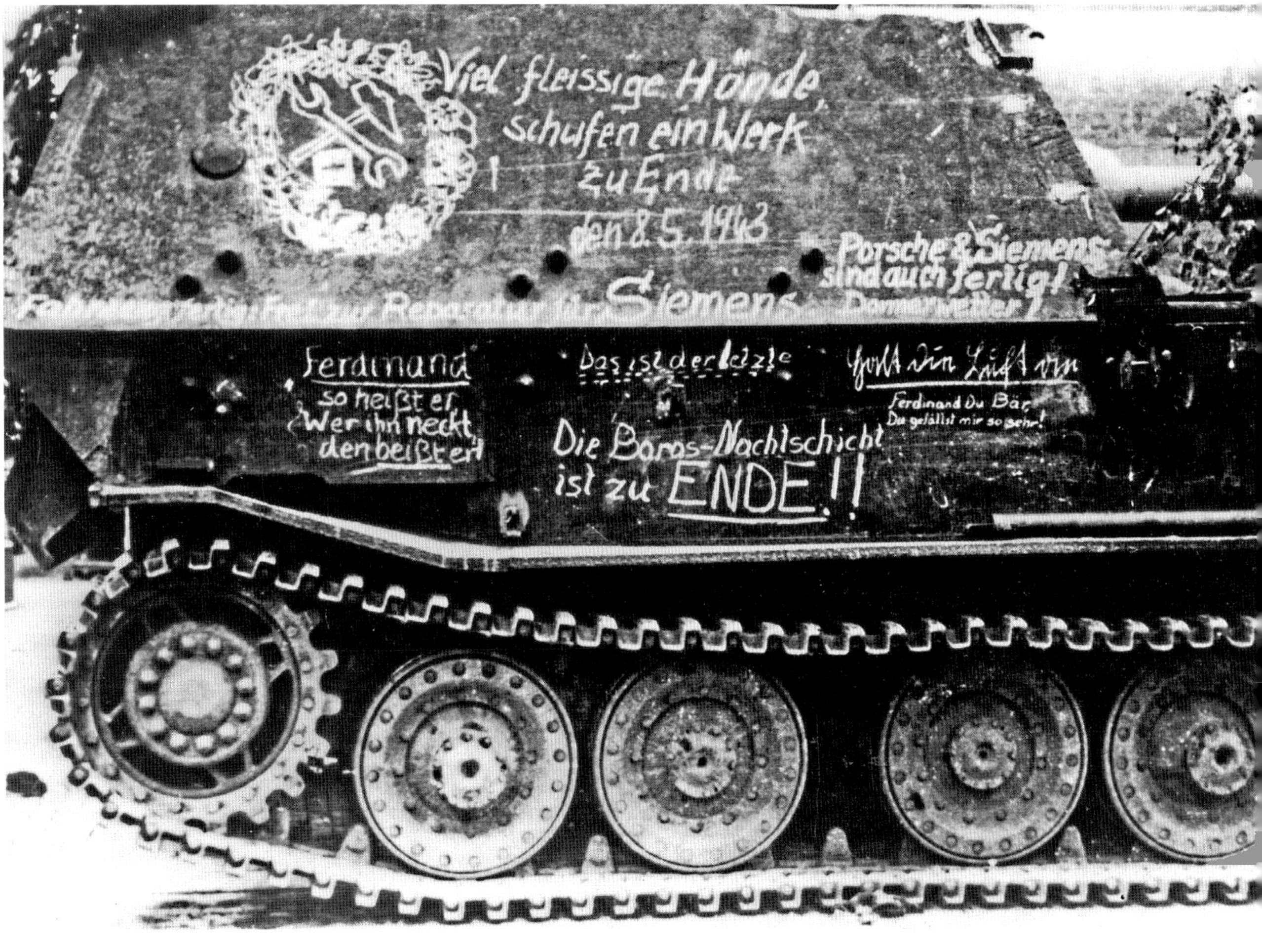

Es ist geschafft. Das letzte Sturmgeschütz mit der Nummer 150 100 verlässt die Halle. (PA)

Am 8. Mai 1943 der gefeierte Bandauslauf des »Ferdinand« im Nibelungenwerk. (PA)

Fahrzeuge an die Wehrmacht auszuliefern, gehalten werden. Das HWA, genauer das Heereszeugamt Wien, übernahm zuerst 30 und im Mai die restlichen 60 Panzerjäger »Ferdinand«. Davon wurden vier Fahrzeuge vorerst zur Ausbildung der Truppe zur Verfügung gestellt[12]. Während den ersten Erprobungen wurde die ungeschützte Kugelblende der 8,8-cm-Pak kritisiert, da so kleine Splitter in den Kampfraum eindringen konnten. Deshalb bekam Krupp am 6. Mai den Eilauftrag, eine durch die Truppe anschraubbare Blende nachzufertigen. Diese Blende konnte schon am 13. Mai per Bahn an die Einheiten versendet werden.

Im März wurde als zweite Einheit, die mit dem Panzerjäger »Ferdinand« ausgerüstet werden sollte, die schwere Panzerjägerabteilung 654 aufgestellt. Im Rahmen des ebenfalls neu aufgestellten Panzerjäger-Regimentes 656 wurde die Einheit als II. Abteilung/Panzerjäger-Regiment 656 bezeichnet und am 28. April nach Rouen/Frankreich verlegt. Die drei Kompanien wurden als 5., 6. und 7. Kompanie bezeichnet. Entsprechend war auch die Nummerierung der Fahrzeuge. So bestand die 5. Kompanie aus den zwei Stabsfahrzeugen 501 und 502, während die vier Fahrzeuge des ersten Zuges die Nummern 511 bis 514, der zweite Zug die Nummern 521 bis 524 und der dritte Zug die Nummern 531 bis 534 besaßen. Dieses System wiederholte sich analog bei den restlichen Kompanien. Die Nummern der Fahrzeuge des Abteilungs-Gefechtsstabes waren II 01 bis 03. Am 5. Mai erhielt die Einheit die

[12] M. Winninger: Das Nibelungenwerk, S. 213.

Die letzten Fahrzeuge im Werk kurz vor der Endabnahme durch das Heereswaffenamt. (PA)

Den Fahrzeugen fehlte noch der Splitterschutz vor der Kugelblende. (PA)

Transport der ersten fünf »Ferdinande« zur Ausbildung der s.PzJg.Abt. 654 nach Rouen. (WS)

ersten fünf »Ferdinande« von der Schwesterabteilung zur Ausbildung.

Durch das Personal der schweren Panzerjäger-Abteilung 653 wurden bis zum 10. Mai die restlichen 40 Fahrzeuge übergeben. Es erfolgte eine umfangreiche Ausbildung der Panzerbesatzungen. Anfang Juni erfolgte eine große Übung im Beisein von Generaloberst Guderian. Dieser legte anlässlich einer Übungsbesprechung die Aufgabe der schweren Panzerjäger fest: *»Die Hauptaufgabe des ›Ferdinands‹ besteht darin, eine gut ausgebaute ständige Front als Rammbock aufzubrechen und so den nachfolgenden Panzereinheiten den Weg tief in das Hinterland zu eröffnen.«*[13]

Die schwere Panzerjäger-Abteilung 653, als I. Abteilung des schweren Panzerjäger-Regimentes 656, verlegte von Standort Leitha zur Ausbildung nach Neusiedl am See. Im Nibelungenwerk erhielten die Offiziere, Kommandanten und Fahrer eine mehrwöchige Einweisung. Teilweise arbeiteten die Mannschaften auch an der Endmontage der Panzerjäger mit. Während dieser Zeit waren die Teilnehmer im Lager Ennsdorf bei Enns/Donau oder in Haag untergebracht. Auf dem Truppenübungsplatz Bruck begann anschließend die Gefechtsausbildung der Besatzungen, während Werkstatt und die I-Staffel an der Beseitigung der »Kinderkrankheiten« des »Ferdinand« arbeitete.

Anlässlich eines Besuches von Generaloberst Guderian bei der schweren Panzerjägerabteilung 653 am 24. Mai in Neusiedl am See kam es nach der Vorführung einer Schießübung auch zur längeren Aussprache mit Zadnik als Vertreter der Porsche KG. Darin ging es neben dem schweren Panzerjäger an sich auch um allgemeine Fragen im Panzerbau. Guderian bemerkte, dass die Einführung bisher ziemlich glatt verlaufen war, bemängelte jedoch den ungenügenden Schutz gegen das Eindringen von Wasser und Schmutz sowie die unzureichende Nahkampfbewaffnung.

Zum ersten Punkt äußerte Zadnik, dass gegen Wasser Planen und Regenschutzbleche vorgesehen waren. Zudem wollte die Truppe auf Grund ihrer Kampferfahrung selbst einen Blechschutz über die Grätings anbringen, um auch gegen Handgranaten- und Brandflaschenwürfe gewappnet zu sein. Der Schutz gegen Staub dagegen war schwierig, da vor allem die Abluft fast senkrecht hinter dem Heck austrat und so meterhohe Staubwolken erzeugte. Alkett und dem Nibelungenwerk war das Problem wohl bekannt, jedoch fehlte es noch an einer geeigneten Lösung.

Der zweite Punkt konnte nach Meinung Guderians nur durch Einbau von ein bis zwei Maschinengewehren gelöst werden. Möglich war der nachträgliche Einbau eines beweglichen Maschinengewehrs vorn beim Funker und rückwärts im Geschützaufbau. Für den Nahkampf mussten vorn und rückwärts ein schwenkbares Maschinengewehr, für die Seiten mindestens Öffnungen für Maschi-

[13] Dörr: So kämpfte die 654, S. 19

Das Bild gibt gut die enorme Staubentwicklung des »Ferdinand« wieder. (KHM)

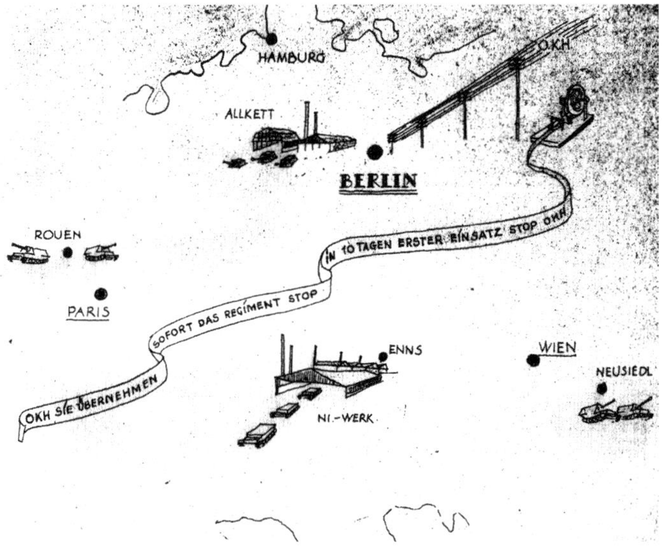

Oberingenieur Reimspieß war für seine aktuellen Karikaturen bekannt. Diese zeigt die schwere Panzerjäger-Abteilung 654 in Rouen und die schwere Panzerjäger-Abteilung 653 zur Übernahme und Ausbildung in Neusiedl. In Berlin war die Firma Alkett mit den von ihnen gefertigten Aufbauten sowie im Nibelungenwerk die Herstellung der Fahrgestelle des Panzerjägers eingezeichnet. (PA)

Das Versuchsfahrzeug Nr.150 mit der Fahrgestell-Nummer 150 011 bei der Verskraft in Kummersdorf-Schießplatz. (PA)

nenpistolen vorhanden sein. Die Forderungen Guderians zur Nahkampfbewaffnung wurden noch durch ein Gespräch über die Fliegerabwehr und den Einsatz von Flammenwerfern ergänzt. Vor allem für die »Maus« sah Guderian die Flak 43 als Zwillingsgeschütz untersuchenswert an. Zur 8,8-cm-Kanone des »Ferdinand« meinte Guderian, dass dieses Geschütz die Grenze der Panzerabwehr darstellte, ansonsten wäre die 7,5-cm-Kanone L/71 des Panzerkampfwagens »Panther« vollkommen ausreichend. An eine baldige »Panzerdämmerung«, wie von Hitler angedeutet, war laut Guderian trotz der Wirksamkeit der neuesten Pak nicht zu denken. Die beste Panzerabwehr blieb weiterhin der Panzer an sich. Wichtig war für ihn die Großproduktion. Wenn die einheitliche Panther-Produktion genügend leistungsfähig war, konnte über die Einstellung der Panzer IV-Produktion nachgedacht werden.[14] Nach Beendigung der Vorführung gelang es den Panzerfahrern, sämtliche »Ferdinande« über die 42 km lange Strecke, einschließlich der Übung, ohne Ausfall zurück nach Neusiedl zu bringen. Guderian musste sich erst mit Hilfe seines Ordonnanz-Offiziers von der unwahrscheinlich erscheinenden Tatsache überzeugen lassen.[15]

Am 8. Juni 1943 lag der erste Zwischenbericht der Kraftfahrversuchsstelle (*Verskraft*) zum Sturmgeschütz 43/1 mit der Fahrgestell Nr. 150 011 vor.

Das letztendlich am 13. Mai 1943 von der Firma Alkett-Borsigwalde an Kummersdorf mittels Spezialeisenbahnwagen vom Typ SSyms angelieferte Fahrzeug war eigentlich der letzte ausgelieferte Panzerjäger und wurde bis zum 31. Mai in Kummersdorf-Schießplatz bei der Verskraft getestet.

Die insgesamt gefahrenen 538 km verteilten sich auf 408 km bei Alkett und auf 130 km bei der Verskraft. Davon lief der Probant 26 km auf der Straße, 44 km auf der alten

[14] PA M. K1.4.5-124
[15] Münch: Die Einsatzgeschichte der schweren Panzerjäger-Abteilung 653, S. 35

Der offene Motorraum eines später abgeschossenen Panzerjägers. An der vorderen Trennwand die engsitzenden Spannrollen. Rechts die Kühlergebläse. Der Treffer drang durch den Fahrerraum in den Motorraum. Vorn, etwas verdreht, der Splitterschutz der 8,8-cm-Pak. Unten der rechte Kühlerraum des beschädigten Fahrzeuges. Gut erkennbar der Rest der Kühlgebläse mit den Gelenkwellen. In der Mitte der rechte Kühlwassereinfüllstutzen. (WS)

Waldrundstrecke sowie 60 km an den Schlagebergen. Dabei zeigten sich folgende Mängel:

- Die schon bekannte Schwergängigkeit des Gasbowdenzuges mit nachfolgendem Abriss nach 493 km. Die Bedienung des Fahrpedals lag bei Betätigung der zweiten Vergaserstufe an der Grenze des Möglichen. Neben den klemmenden Bowdenzügen war die Rückzugsfeder vom Regler im Schaltkasten zu stark.
- Das schwer ablesbare Doppel-Öldruckmanometer aufgrund kontrastarmer Farbgebung.
- Der rechte Kraftstoffbehälter fasste nur 348 Liter, der linke Behälter dagegen 503 Liter.
- Am rechten Motor war die linke Ventildeckeldichtung undicht.
- Der Abriss beider Lichtmaschinenkeilriemen an der rechten Lichtmaschine nach 493 km Laufleistung. Dazu musste neben dem Bodenblech im Kampfraum noch die Gelenkwelle zum hinteren Lüfter der Elektromotoren ausgebaut werden.
- Beim linken Motor war ein Öleinfüllen ohne Winkeltrichter oder Schlauch schwierig, da der Einfüllstutzen unter der mittleren Motor-Klappe lag, die bedingt durch die Stirnpanzerverstärkung nur wenig geöffnet werden konnte.
- Die Kühlwasseranzeige des linken Motors war fehlerhaft, da diese ca. 20° C zuviel anzeigte.
- Die Lüfterkeilriemen dieses Motors waren nicht mehr nachspannbar und, wie schon zuvor geschildert, durch den geringen Abstand zwischen Riemenscheiben und Trennwand schlecht zugänglich.
- Durch fehlerhafte Montage im Schaltkasten war das Lenken eingeschränkt. Die Selbsterregung des linken Generators war kurzgeschlossen. Das Fahrzeug konnte nur mittels Druckluftbremse nach links gelenkt werden.
- Beim Schießen löste sich der Sicherungsautomat für die Fremderregung der Generatoren und Motoren selbständig aus.
- Die Schutzsiebe für die Luftleitbleche der Generatoren fehlten. Es bestand die Gefahr von eindringenden Fremdkörpern z.B. beim Tanken oder bei der Kühler- und Vergasermontage.
- Beim Fahren in nassem Sand erfolgte ein Aufklettern der Kette auf das Triebrad, was ein Festklemmen der Kette an den Gleitschuhen (Anschläge am Wannenüberbau – d.A.) zur Folge hatte. Dadurch rutschte die Rutschkupplung der Elektromotoren durch, die Kupplung wurde unbrauchbar und deshalb musste das Fahrzeug abgeschleppt werden. Durch den Ausfall der Rutschkupplungen stand zum Lenken und Bremsen nur die Luftdruckbremse zur Verfügung. Um jedoch ausreichend Druckluft zu erhalten, musste in regelmäßigen Abständen der Motor, der den Kompressor antrieb, gestartet werden. Dennoch konnten nur große Lenkradien gefahren werden.
- Zum Ausbau der Elektromotoren musste das Panzerkastenoberteil abgeschraubt und nach vorn verscho-

ben werden. Der Abbau der Luftleitbleche über den Motoren war auf Grund der vielen Schrauben sehr zeitraubend. Die Elektromotoren hatten durch das Rutschen der Kupplungen stark gelitten. Infolge der hohen Ströme waren die Isolationen der Wicklungen verbrannt. Die Isolationswiderstände aller Wicklungen waren allerdings noch einwandfrei. Grund dafür waren die unzulässigen hohen Drehzahlen des infolge der durchrutschenden Kupplung durchgehenden Motors. Der Bürstenkasten sowie der Kollektor waren durch das Bürstenfeuer stellenweise verbrannt. Die Druckfinger der Kohlebürsten besaßen durch den eingedrungenen Staub keine Anpresskraft mehr. Durch das vergrößerte Spiel der Kohlebürsten waren diese allerdings nicht verklemmt. Es wurde als notwendig angesehen, gelenklose Bürsten ohne Taschen zu verwenden, damit sich dieser Fehler nicht so schnell wiederholte. Dadurch konnte die aufwendige Wartung der schwer zugänglichen Elektromotoren vereinfacht werden.

- Die linke Bandbremse mit dem Belag war ausgeglüht und das Kupplungsgehäuse angelaufen. Die rechte Kupplung zeigte dagegen weder Verschleiß noch eine Beanspruchung. Als Konsequenz legte Professor Porsche fest, dass auf die Rutschkupplung verzichtet und die Verbindung mittels eines verzahnten Ringes starr gemacht werden sollte. Die neuen Elektromotoren wurden damit ausgerüstet. Der Einbau der Fahrmotoren und der Zusammenbau des Fahrzeuges war durch die große Zahl von Befestigungsschrauben und der Filzabdichtung der Luftkanäle langwierig. Der Zeitbedarf für diese Arbeiten summierte sich auf 77 Arbeitsstunden. Voraussetzung war dabei mindestens ein 15-t-Kran und Sonderwerkzeug für das Sturmgeschütz 43/1.
- Die Kühlanlage sorgte für Probleme. So entstand beim Fahren und Stehen im Gelände, bedingt durch die Formgebung des rückwärtigen Kühlluftaustrittes, ein schräg nach vorn geblasener Luftstrom unter der Wanne. Vor dem Fahrer entstand dadurch eine Staubwand, die ein Fahren außerordentlich erschwerte. Eine Abhilfe war ein gebogenes Luftleitblech, das über die gesamte Breite des Fahrzeuges ging. Dagegen konnte das unangenehme Aufwirbeln von Staub durch die von oben auf die obere Kettenhälfte geblasenen Abgase bei der vorhandenen Auspufföffnung nicht vermieden werden.
- Als ungünstig wurde die Anordnung der mittleren Gräting gesehen. Diese war so verschraubt, dass die Luftleitstege nach hinten gerichtet waren, so dass dadurch Splitter von auf die Stirnwand des Aufbaus auftreffenden Granaten in den Lüfterraum eindringen konnten. Ein um 180° versetzter Einbau dieses Grätings konnte Abhilfe schaffen. Dazu musste allerdings noch ein Ausschnitt für die Funker-Lukenstütze ausgespart werden.
- Nachteilig wirkte sich die Verlegung der Auspuffrohre auf die Erwärmung der Kühlluft für den Elektromotorraum aus. Diese Auspuffrohre liefen in nur 50 mm Abstand an den Luft-Kanälen vorbei und sollten deshalb eine wärmeisolierende Abschirmung erhalten.
- Der Ansaugraum für die vier Kühlerlüfter war nur ungenügend vom Motorraum getrennt, so dass teilweise warme Luft aus dem Motorraum mit in den Kühlkreislauf geriet. Gerade bei hohen Temperaturen konnten sich dadurch thermische Probleme ergeben. Zum Zeitpunkt der Prüfung betrug bei einer Außentemperatur von 20° C die Kühlwassertemperatur 90° C. Als weite-

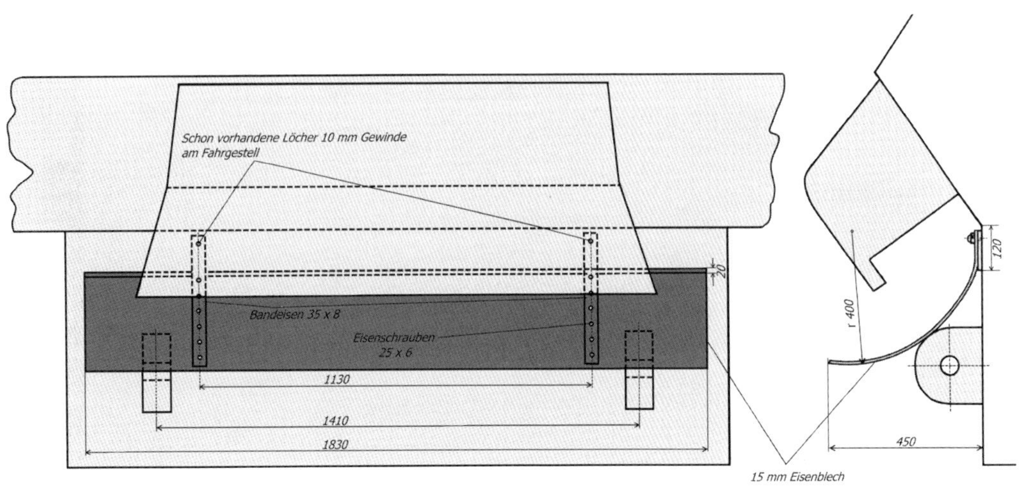

Kühlluft-Ableitblech
für Stu. Geschütz Ferdinand

rer Schwachpunkt wurde erkannt, dass die Absperrventile für den Kühlwasserkreislauf, die für eine Kühlwasserübertragung benötig wurden, nicht gesichert waren. Durch Erschütterungen im Gelände schlossen sich diese Ventile allmählich.

- Das Laufwerk besaß noch die alte Seitenvorgelege-Übersetzung von 1:15. Nach 413 km musste hinten links ein Gummiklotz des Anschlages ersetzt werden. Als weiterer Mangel zeigte sich im Gelände, dass sich schon nach geringen Lenkbewegungen die Trieb- und Leiträder zusetzten, da diese Räder zuwenig durchbrochen waren.
- Am Aufbau wurde kritisiert, dass ein Öffnen der Fahrerluke von innen nur mit äußerster Kraftanstrengung möglich war. Deshalb sollte unbedingt die Federunterstützung verbessert werden. Für den Funker sah man zudem einen Haltegriff für zweckmäßig an.

Am 30. Mai wurde das Fahrzeug 150 011 mit Hilfe der Firma Alkett wieder fahrbereit gemacht und am 3. Juni 1943 für den Transport nach Hillersleben verladen, wo anschließend Beschussversuche stattfanden. Danach sollte von dort eine Überführung nach Friedrichshafen erfolgen. Im Auftrag der Verskraft hatte die Firma Maybach weitere Tests im Zusammenhang mit dem Maybach-Motor HL 120 TRM durchzuführen. Das oben genannte Luftleitblech wurde indessen von Alkett akzeptiert und das Nibelungenwerk beauftragt, dieses Blech zu fertigen und den Fahrzeugen nachzuschicken. Vor Ort sollte es von den Truppenteilen nachträglich angebracht werden.

Noch am 8. Juni 1943 begann in Parndorf die Verladung des 2. Zuges der 2. Kompanie der schweren Panzerjäger-Abteilung 653, die in der folgenden Bildserie festgehalten wurde.

Der 90. »Ferdinand« mit dem Fahrgestell 150 011 befand sich seit dem 16. Mai 1943 wieder auf dem Versuchsgelände in Kummersdorf-Schießplatz. Die Verskraft erhielt am 10. Juni einen Bericht von zwei Maybach-Ingenieuren über die festgestellten Motor-Schäden an den Panzerjägern in Rouen. An den Otto-Motoren vom Typ HL 120 TRM traten in größerer Zahl Brüche an den Ventilfedern, Pleuelbrüche, Undichtigkeiten an den Ölfitern sowie Übertemperaturen auf. Als Ursache vermuteten die Ingenieure Überdrehzahlen der Motoren, stärkere Motorener-

Front- und Seitenansicht. (WS)

Sturmgeschütz »Ferdinand«. (PA)

Rechts: Professor Porsche verfolgt zusammen mit zwei seiner Ingenieure die Verladung über eine sogenannte mobile »Tiger-Rampe«. (PA)

(PA)

(PA)

schütterungen als bei anderen Fahrzeugen, ungenügende Kühlung sowie eine eventuelle Luftsackbildung im Kühlsystem.

Unterdessen war der »Ferdinand« 150 011 am 16. Juni im Werk Maybach-Motorenbau in Friedrichshafen eingetroffen. Es wurden Messgeräte zur Feststellung von Drehzahl, Temperaturen und Erschütterungen eingebaut. Auch die einen Tag zuvor eingetroffenen neuen Seitenvorgelege mit der Übersetzung von 1:16,8 wurden gleichzeitg eingebaut und die alten Seitenvorgelege mit der Übersetzung 1:15 konnten am 18. Juni zwecks Umbau zu Skoda zurückgesendet werden. Dadurch konnten die Versuche unter den gleichen Bedingungen erfolgen, wie sie bei den Fahrzeugen in Frankreich gegeben waren. Durch die neue Übersetzung wurde die Endgeschwindigkeit entsprechend herabgesetzt und die Geländegängigkeit verbessert. Die Versuchsdauer war bis zum 24. Juni geplant. Die mit der neuen Übersetzung gemessenen Höchstgeschwindigkeiten ergaben:

- bei Drehzahlschalter-Stellung 3 und voll geöffneter zweiter Vergaserstufe 33 km/h,
- bei Drehzahlschalter-Stellung 2 und voll geöffneter zweiter Vergaserstufe 19 km/h,
- bei Drehzahlschalter-Stellung 1 und voll geöffneter erster Vergaserstufe 14 km/h. In diesem Fall konnte die zweite Vergaserstufe nicht betätigt werden, da die maximale Drehzahl der Otto-Motoren von 3000 U/min schon erreicht war.

Vorgesehen war vor allem eine Erprobung im Gelände mit lang andauerndn Steigungen, wie z.B. der dortigen Pfän-

Der Schornsteinfeger im Bild brachte der Besatzung vom »Ferdinand« 231 Glück, da sie die Kursker Schlacht samt Fahrzeug überstanden. Von diesem Zug ging nur ein Fahrzeug während dieses Kampfes verloren! (PA)

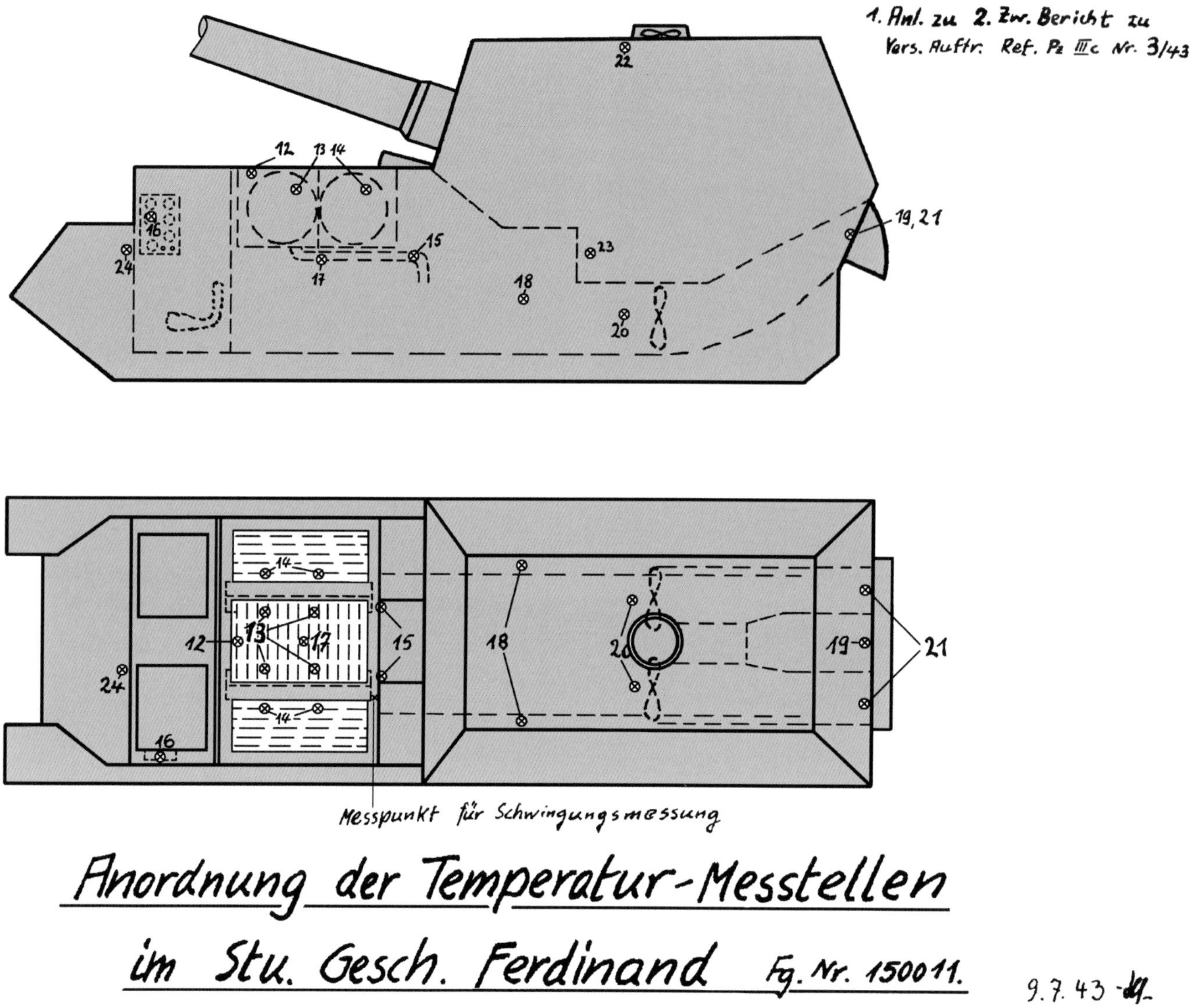

Messstellen.

derstraße. Auch wollten die Motor-Ingenieure das Vorhandensein des Fahrzeuges nutzen, um Richtlinien für die Reparatur und das Auswechseln einzelner Motorteile bzw. der kompletten Motoren zu erstellen. Die Firma Siemens bat Maybach um die Teilnahme an den Versuchen, da man vor allem an den Kühlungsverhältnissen in und um die Fahrmotoren interessiert war. Die Versuchsfahrten sollten ab dem 21. Juni beginnen. Doch am Versuchsfahrzeug trat ein Schaden an dem – von Alkett hergestellten – linken Lüfterantrieb auf. Es musste dringend ein neuer Lüfter mit Dreiecks-Antriebsflansch beschafft werden. Maybach schrieb diesbezüglich sofort ein Fernschreiben an Alkett. Alkett verwies jedoch an das Ersatzteillager des Nibelungenwerkes. Nur wenn es keine andere Möglichkeit gab, war man bei Alkett bereit, aus dem im Werk befindlichen Vorserien-Fahrzeug mit der Fahrgestell-Nummer 150 010 die benötigten Teile auszubauen. Für die Fortsetzung der Versuche sollte laut Schreiben vom 18. Juni der komplette Lüfter mit Dreiecksflansch mittels Bahn, falls eine Botensendung nicht möglich war, durch den **Speisewagen-Oberkellner!** nach Stuttgart gebracht und von dort von einem Porsche-Mitarbeiter nach Friedrichshafen gebracht werden.

Da Major Hoffmann von der Verskraft vor Ort jedoch noch weitere Teile, wie zwei Wärmeabschirmbleche, eine Kurbel für den Schwungkraftanlasser, eine Fernthermometer-

Der defekte Lüfter zeigt deutlich das ausgebrochene Keilprofil. (PA)

anlage für die Fahrmotorenwicklungen sowie einen Schaltplan des Bordnetzes geschickt haben wollte, schlug man einen Lkw-Transport der Verskraft vor, der sich zu dieser Zeit bei der Firma Simmering in Wien befand und Ersatzmotoren nach St. Valentin liefern sollte. Jedoch verwies das Nibelungenwerk darauf, dass von Wa Prüf 6, Abteilung Forschung, dazu kein Auftrag vorlag und man sich doch dazu an das Heeres-Panzerzeugamt Königsborn-Magdeburg wenden sollte.

Jedoch waren die Ersatzteile im Panzerzeugamt (HZA) Magdeburg nicht verfügbar, daher sollte das Nibelungenwerk die erforderlichen Teile liefern. Dazu sah man vor, den schon erwähnten LKW-Transport der Verskraft von Wien kommend über das Nibelungenwerk in St. Valentin zu nutzen. Um die 4,5 t Zulademöglichkeit voll auszunutzen, sollten weitere Ferdinand-Ersatzteile für das HZA-Magdeburg mitgegeben werden. Vorraussetzung dafür war allerdings die Genehmigung der Entnahme durch Wa Prüf 6. Wenn alles planmäßig lief, rechnete man mit einer Ankunft des LKW-Transports am 2. Juli in Magdeburg. Jedoch lag am 8. Juli noch keine Genehmigung von Wa Prüf 6 zur Materialentnahme im HZA vor. Um Zeit zu sparen, wurde vorgeschlagen, dass der Transport direkt zur Kraftfahrversuchsstelle (*Verskraft – d.A.*) in Kummersdorf-Schießplatz umgeleitet werden sollte. Da dies vermutlich auf Grund der vorhandenen Bürokratie nicht möglich war, wurden die dringend benötigten Ersatzteile schließlich durch einen Porsche-Monteur vom Nibelungenwerk abgeholt und nach Kummersdorf-Schießplatz transportiert.

Inzwischen erfolgte am 19. Juni in Hillersleben der Beschuss eines einzelnen Panzeraufbaus des als Stuk (*Sturmkanone*) 43/1 bezeichneten »Ferdinand«. Der Beschuss des Fahrgestells erübrigte sich, da es in Form des Tiger-Fahrgestells schon beschossen wurde, allerdings ohne die frontale Zusatzpanzerung. Man hatte geplant, den Beschuss zusammen mit Panzerteilen des Panzerkampfwagens »Maus« in Kummersdorf-Schießplatz stattfinden zu lassen. Jedoch war der Kran in Kummersdorf nicht in der Lage, den 50 t schweren Beschussturm der »Maus« zu entladen. So fiel der Beschluss, die Versuche auf dem Heeresversuchsplatz Hillersleben durchzuführen, wo entsprechende Krananlagen zum Entladen vorhanden waren. Das Turmgehäuse des »Ferdinand« besaß an der frontalen homogenen Panzerplatte eine Stärke von 204 mm, bestehend aus der Stahlmarke PP 7690, sowie eine Seitenpanzerstärke von 84 mm, die aus der Stahlmarke E 22 bestand. Die genaue Zusammenstellung zeigt die Tabelle.

Geschossen wurde auf die Gehäuse-Vorderwand mit einer 8,8-cm-Panzergranate 39-1 auf 100 m Entfernung. Dabei entstanden auf der Vorderwand sowie auf deren Rückseite grobe Ausbrüche und Risse an den Schweißnähten. Die Seitenplatten beschoss man mit der 7,5-cm-Panzergranate in einem Winkel von 48°. Es kam zu einem

Benennung	Stahlmarke	Blechdicke	Zugfestigkeit	C	Mn	Si	Cr	Mo	Ni	V	P + S
Vorderwand	PP 7690	204 mm	74 kg/mm^2	0,36	0,37	0,34	2,3	0,12	2,73	Spr.	0,29
Seitenwand links	E 22	83 mm	92 kg/mm^2	0,38	0,7	0,33	1,71	0,11	0,8	0,15	0,21
Seitenwand rechts	E 22	85 mm	94 kg/mm^2	0,38	0,7	0,33	1,71	0,11	0,8	0,15	0,21
Rückwand	E 22	84 mm	97 kg/mm^2	0,4	0,74	0,38	1,79	0	0,57	0,13	0,21
Dachblech	E 32	32 mm	116 kg/mm^2	0,41	0,81	0,5	1,45	0,09	1,61	0,1	0,31

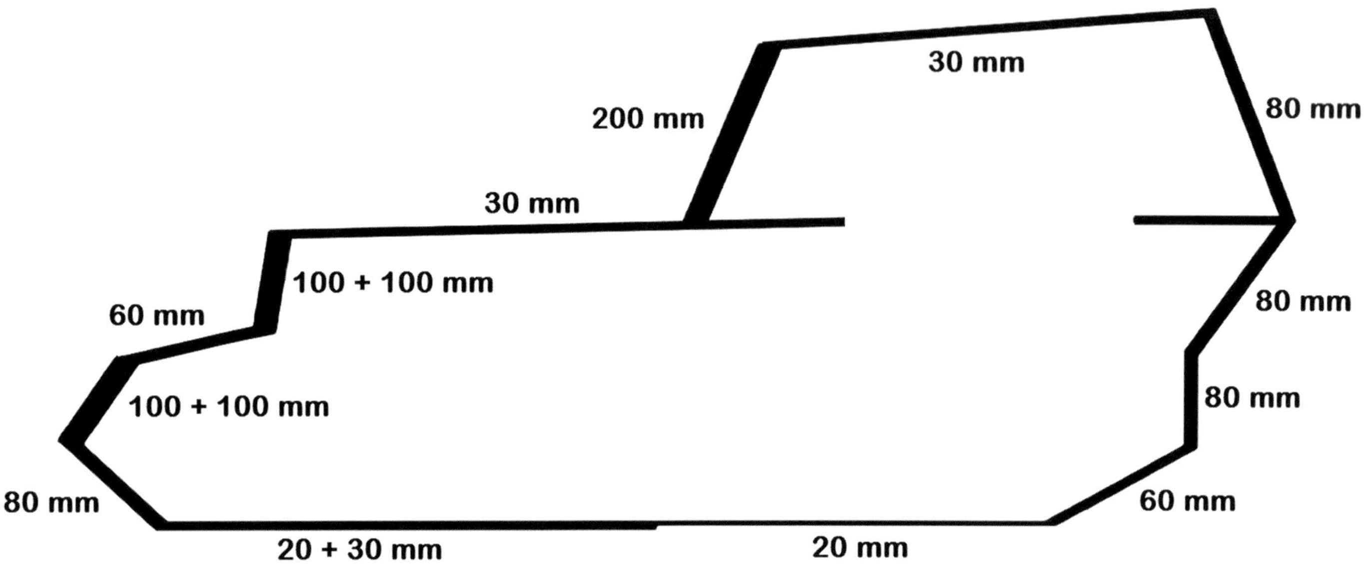

Die Stärken der Panzerbleche des Sturmgeschützes »Ferdinand«.

Durchschuss von 120 mm Durchmesser. Mit den Treffern einer 15-cm-Sprenggranate auf die Seitenplatten entstanden Längsrisse über die ½- bis ¾-Länge des Aufbaus. Es wurde vermutet, dass die Risse der linken und rechten Schweißnaht nicht aufgetreten wären, wenn die Bleche besser angepasst worden wären, was aus dem ungleichmäßigen Querschnitt der Schweißnaht erkennbar war.

In Friedrichshafen fand am 23. Juni die erste, wenn auch durch den Lüfterschaden verspätete Probefahrt des Testfahrzeuges statt. Die ausgeschlagene Keilwelle des Lüfters wurde dafür durch die ausgebauten Ersatzteile aus dem Alkett-Fahrzeug 150 010 ersetzt, da die kurzfristige Ersatzteilbeschaffung bekanntermaßen gescheitert war.

Zur Prüfung der Kühlanlage wurde eine Fahrt auf der Straße Friedrichshafen-Bregenz sowie die 19%-ige Steigung Bregenz-Fluh genutzt. Mit Rücksicht auf das Laufwerk wurden die Otto-Motoren nicht voll belastet. Diese liefen mit einer Drehzahl von 2000 U/min, was bei der Feldschalterstellung 3 für eine Geschwindigkeit von etwa 22 km/h reichte. Dabei fiel die niedrigere Drehzahl (-25%) des rechten Lüfters besonders auf. Während der Bergfahrt wurde der Maybach-Motor voll belastet. Bei einer Motordrehzahl von 2300 U/min erreichte man am Berg die Durchschnitts-Geschwindigkeit von 5 km/h.

Die Stromaufnahme der Elektromotoren betrug dabei etwa 600 Ampere. In den Kurven bei Feldschalterstellung 2 stieg der Wert auf 1200 Ampere. Die Kühlwirkung wurde bei ordnungsgemäß arbeitetenden Lüftern bei einer Außentemperatur bis 40°C als ausreichend angesehen. Jedoch fand man den Kühlwasserumlauf mit 46 Litern im Kühlkreislauf außerordentlich gering. Weiter wurde festgestellt, dass auf Grund der Anordnung der Kühlung für die Fahrmotoren und des Motorraumes die Aufheizung des Kampfraumes unvermeidlich war, da die abgeführte Warmluft mit einer Temperatur von etwa 80°C unter dem Kampfraum hindurchführte. Bei geschlossenen Luken und laufendem Abluftventilator wurden bei 21°C Außentemperatur im Fußraum des Richtschützen etwa 60°C und am Dachventilator 41°C gemessen.

Die weiteren Ergebnisse betrafen die Einbauverhältnisse der Maybach HL 120 TRM-Motoren:

- Bei Arbeiten am vorderen Teil der Motoren war keine Haltevorrichtung für den mittleren und rechten Lukendeckel vorhanden und der Öffnungswinkel der mittleren Motorluke (*bedingt durch das darüber liegende Geschütz – d.A.*) zu gering. Dadurch war ein Auswechseln der Ventilfedern, Zündkerzen usw. in der Mitte des Motors nur unter schwierigsten Verhältnissen möglich. Die Demontage der Zylinderköpfe setzte die Abnahme des gesamten Aufbaus voraus.
- Es wurde festgestellt, dass die beiden Spaltfilter für Motoröl bisher noch nie benutzt wurden, da die Bowdenzüge hoffnungslos fest saßen. Durch das Nichtbe-

nutzen der Filter wurde das Motoröl nicht vorschriftsmäßig gereinigt und ging über ein Kurzschlussventil ungereinigt wieder an die Schmierstellen des Motors zurück.

- Die Markierungen an den Schwungscheiben waren durch den Lüfter der Generatoren so verdeckt, dass weder die Zündung noch die Steuerwelle danach eingestellt werden konnten.
- Die Schwungkraftanlasser konnten nicht verwendet werden, da die eingebauten Andrehvorrichtungen wegen der ungünstigen Verlegung nicht benutzbar waren.
- Der Lüfterantrieb von Alkett war an manchen Stellen so schwach ausgelegt, dass man mit einem Ausfall des einen Lüfterantriebes rechnen musste. Der Antrieb auf der anderen Seite war zu diesem Zeitpunkt auch schon in einem stark ausgeschlagen Zustand.
- Die Lichtmaschinen wurden getrennt und nicht organisch am Motor angebaut und angetrieben. Nach dem Ausfall einer Lichtmaschine während der Versuchsfahrt konnte nach ca. 3 km Fahrzeit der Motor nicht mehr gestartet werden, da die Batterien durch die Erreger- und Bremsströme schnell entleert waren. Der Grund dafür war, dass die Keilriemen überdehnt waren und nachgespannt werden mussten. Allerdings war danach eine weitere Spannmöglichkeit nicht mehr gegeben.

Die Überprüfung der Möglichkeit einer Übertourung der HL 120-Motoren ergab, dass die Gefahr am größten war, wenn der Fahrer auf der Straße mit der Feldschalterstellung 1 anfuhr. Bei einer Geschwindigkeit von 14 km/h und Betätigung der 1. Vergaserstufe kam der Motor in kürzester Zeit auf 3000 U/min. Wenn der Fahrer in dieser Stellung das Fahrpedal voll durchtrat, musste der Motor stark übertouren. Dies war deshalb besonders gefährlich, da in den übrigen Fahrzuständen und Feldschalterstellungen ein Übertouren nicht möglich war. Dies verleitete den Fah-

Das Testfahrzeug 150 011 in Kummersdorf-Schießplatz. Dort war ein polizeiliches Kennzeichen Vorschrift, da auch im öffentlichen Verkehrsraum gefahren wurde. Die roten Kennzeichen der Verskraft begannen immer mit WH 0 … (PA)

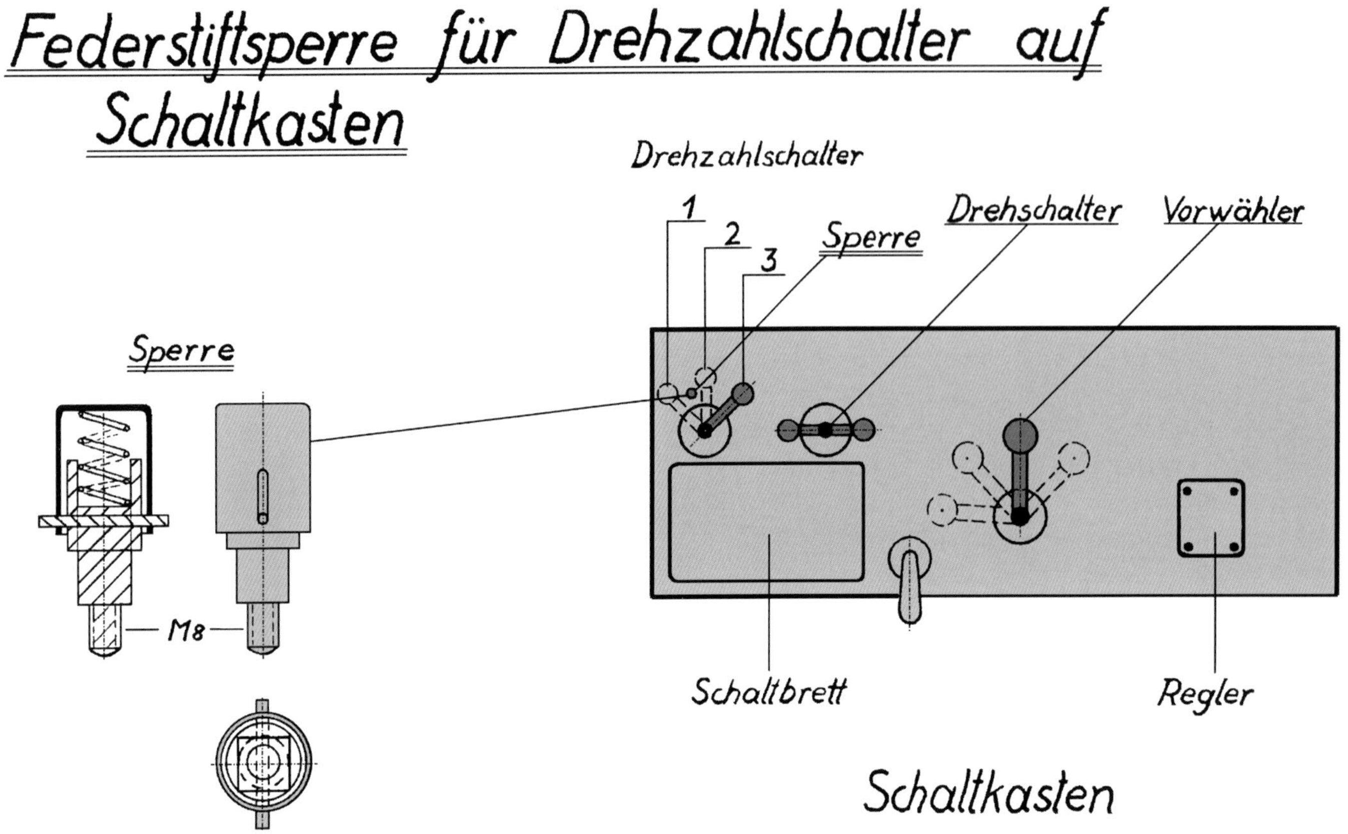

Als Maßnahme gegen das Übertouren der Otto-Motoren wurde eine federnde Sperre der 1. Feldschalterstufe vorgeschlagen, eine Lösung, die laut Bildern des »Elefant« 102 aus Aberdeen anscheinend aber nicht verwirklicht wurde. (PA)

rer, nicht mehr auf die Drehzahlmesser zu achten. Ein gewisses Risiko des unwesentlichen Übertourens war höchstens noch bei Bergabfahrt sowie bei stärkerer Bremsung möglich. Man schlug vor, die Feldschalterstellung 1 zu arretieren und die Fahrer anzuweisen, diese Stellung nur in schwerstem Gelände zu benutzen.

Die Erschütterungsmessungen wurden mit den Werten des Panzerkampfwagens VK 3601 verglichen. Bei einer Geschwindigkeit von 5 km/h waren die Unterschiede sehr groß. Die Erschütterungen waren beim Panzerjäger trotz des wesentlich höheren Gewichtes bei hohen Frequenzen sehr hoch und traten vor allem beim Schieben des Fahrzeuges sehr stark in Erscheinung. Auf Grund der relativ weichen Motoraufhängungen war die daraus resultierende Belastung auf die Motoren gering. Allerdings musste mit negativen Auswirkungen auf die anderen Einbauteile gerechnet werden. Als Hauptursache dieser Schwingungen waren die verhältnismäßige harte Federung sowie die Kettenteilung ermittelt worden.

Zur Prüfung der gesamten Kühlanlage erfolgte abschließend noch eine normale Geländefahrt. Diese bestand aus einem Mix aus einer kurvenreichen ebenen Straße, einer mittelsteilen Bergstraße (15%) und zum Schluss aus einer Gelände-Rundstrecke auf mittelschwerem Boden und einer maximalen Steigung von etwa 20%. Während der Bergfahrt betrug die Stromaufnahme am steilsten Stück (15% Steigung) 900 bis 1000 A. Im Gelände musste am Steilhang wegen Überhitzung der Fahrmotoren (Stromaufnahme von 1000 bis 1200 A bei einer Otto-Motorendrehzahl von 2000 U/min) eine Pause zur Abkühlung der Wicklungen eingelegt werden. Der anschließende Versuch, eine 22%-ige Steigung zu überwinden, musste abgebrochen werden, da die Ketten infolge der großen Hecklastigkeit durchdrehten. Die Bodenverhältnisse waren ähnlich denen in Berka (schmieriger, zäher Lehm). Damit wurden die Versuche nach 106 km abgeschlossen.

Am 28. Juni erfolgte die Verladung und der Versand zurück nach Kummersdorf-Schießplatz. In der Verskraft wurden die aufgetretenen Schäden anschließend untersucht. Ein Grund für die hohen Luftaustrittstemperaturen hinter den Fahrmotoren von 98°C wurde zum großen Teil in dem Aufheizen der parallel geführten Auspuffleitung und des Luftführungskanals gesehen. Durch wärmeisolierende Abschirmbleche sollte Abhilfe geschaffen werden. Auch eine Erhöhung der Luftförderleistung des Gebläses für die Fahrmotoren und eine verbesserte Kanalabdichtung waren vorgesehen.

Der zweite Schaden betraf den linken Lenkhebel, der nach der Geländefahrt in Friedrichshafen nur noch schwergängig bedient werden konnte. Die genaue Untersuchung ergab, dass zwei Parallelwiderstände zur Reihenschlusswicklung des linken Motors teilweise geschmolzen und während der Geländefahrt Teile davon auf die Walzenschalterwelle gefallen waren. Beide Umkehrfeldregler wurden daraufhin ersetzt.

Vom 9. Juni bis zum 12. Juni erfolgte der Transport der schweren Panzerjäger-Abteilung 653 nach Russland. Dazu waren 11 Transportzüge notwendig. Die Ausladung erfolgte 35 km südlich von Orjol. Ab dem 15. Juni rollte die schwere Panzerjäger-Abteilung 654 mit 14 Transportzügen Richtung Russland mit Ziel Bahnhof Smijewka bei Orjol, wo ab dem 24. Juni die ersten Transportzüge entladen werden konnten.

Unterdessen hatte die Bereitstellung der schweren Panzerjäger-Abteilungen 653 mit 44 »Ferdinande« und 654 mit 45 »Ferdinande« zur Schlacht um den Kursker Bogen begonnen. Professor Porsche war von diesem voreiligen Einsatz des Panzerjägers »Ferdinand« nicht begeistert, da er zu Recht viele Kinderkrankheiten erwartete.

Früh am 5. Juli 1943 begann der Angriff des schweren

Blick auf den geöffneten Fahrschalter unter dem Fahrersitz. Vorn (im Bild links) die Welle der Lenkhebel. Hinten (im Bild rechts unten) der geöffnete Umkehrfeldregler mit den geschmolzenen Widerständen. (PA)

Bereitgestellter »Ferdinand« der schweren Panzerjäger-Abteilung 654 in Rouen. (KHM)

Die 2. Kompanie der schweren Panzerjäger-Abteilung 653 in Neusiedl am See. (KHM)

Das gewaltige Fahrzeug zieht natürlich alle Blicke auf sich. (KHM)

Die Rückansicht eines der ersten Schulfahrzeuge in Neusiedl am See. (KHM)

Eine 8,8-cm-Flak 18 passiert einen wartenden »Ferdinand«. (KHM)

Die im Frontbereich Orjol ankommenden »Ferdinande« sorgten überall für Aufsehen. Das Fahrzeug der 1. Kompanie der schweren Panzerjäger-Abteilung 653 besitzt schon die Regenrinne am Panzeraufbau. (KHM)

Panzerjäger-Regiments 656 im Rahmen der 9. Armee/ XXXXI-Panzerkorps nördlich von Kursk. Zum Regiment gehörte noch die Sturmpanzer-Abteilung 216 sowie die beiden Panzer-Funklenkkompanien 313 und 314. Verstärkt wurde die gepanzerte Angriffsfront durch die in der zweiten Reihe fahrenden Sturmgeschütz-Brigaden 177 und 244. Die schwere Panzerjäger-Abteilung 653 stieß östlich, die 654 westlich der Bahnlinie Orjol-Kursk Richtung Süden vor. Dabei trafen sie auf ein sehr tief gestaffeltes Verteidigungssystem der Roten Armee, die sich gründlich auf den lang erwarteten Angriff vorbereitet hatte. Das Gelände war außerordentlich stark vermint. Das gleichzeitig einsetzende, sehr heftige Sperrfeuer der sowjetischen Artillerie verhinderte ein Trassieren der durch die Ladungsträger B IV freigesprengten Minengassen durch die Pioniere. Die nachfolgenden Panzerjäger erkannten dadurch nicht die im von Granateinschlägen zerfurchten Gelände geschaffenen Gassen. In Folge dessen fuhren viele »Ferdinande« auf Minen und Sprengfallen und blieben so mit zerrissenen Ketten und beschädigten Laufrollen liegen.

Die überaus starke Artillerie-Wirkung des Gegners verhinderte das für eine Reparatur des Fahrwerkes notwendige Absitzen der Besatzung. Das Problem verschärfte sich

Das Funk-Fahrzeug (Steyr 1500 A/01) des Kompanie-Führers Oberleutnant Wegelin der 3. Kompanie der schweren Panzerjäger-Abteilung 653. Damit konnte die Verbindung zu den Kampffahrzeugen der Kompanie mittels Fu 5 und den übergeordneten Stäben mittels Fu 8 (*das größere Gerät mit Sternenantenne – d.A.*) gehalten werden. Die »Ferdinande« wurden augenscheinlich kaum als Befehlsfahrzeug genutzt. (KHM)

Die »Ferdinande« der schweren Panzerjäger-Abteilung 654 rücken in den Bereitstellungsraum. (KHM)

Die schwere Panzerjäger-Abteilung 653 stößt östlich der Bahnlinie Richtung Ponyri vor. (KHM)

noch, da die liegengebliebenen Fahrzeuge Ziel eines besonders konzentrierten Feuers wurden.

Die in der einschlägigen Literatur aufgestellten Behauptungen, dass die »Ferdinande« ein bevorzugtes Ziel von Panzer-Vernichtungstrupps waren, konnten von den Angehörigen der beiden Abteilungen nicht bestätigt werden. So äußerte Hauptmann Henning, Kommandeur der 654: *»Die anfänglich gehegte Befürchtung, dass der „Ferdinand" gegenüber der feindlichen Infanterie sehr gefährdet sei, war in der Praxis unbegründet. Der starke Detonationsknall beim Schuss und die starke moralische Wirkung des „Ferdinand" bewirkten, dass während aller Einsatztage kein feindlicher Infanterist an den „Ferdinand" herankam.«*[16]

Auch der Unteroffizier Neunert bemerkte: *»Ich habe nicht erlebt, dass sich feindliche Einzelkämpfer unserem Geschütz genähert haben. Im Übrigen wusste die nachfolgende Infanterie, dass sie uns vor derartigen Angriffen zu schützen hatte.«*[17] Das Problem des fehlenden Maschinengewehrs in der Fahrzeugfront zeigte sich erst, nachdem die Panzerjäger durchgebrochen waren und die zugeteilten leichteren Panzer III sowie die Infanteristen der 86. Infanterie-Division auf Grund des sehr starken Abwehrfeuers zurückgeblieben waren. Die »Ferdinand«-Besatzungen waren daraufhin auf sich allein gestellt und es blieb ihnen nichts anderes übrig, als die Schützengräben des Gegners allein mit ihrem 8,8-cm-Geschütz zu säubern. Mit noch 12 einsatzfähigen Fahrzeugen erreichte die schwere Panzerjäger-Abteilung 653 das für den 5. Juli gesteckte Ziel. Die schwere Panzerjäger-Abteilung 654 hatte jedoch noch größeres Pech und so verlor z.B. ein Zug schon etwa ein Drittel seiner Fahrzeuge in mehreren Minenfeldern.

Am 7. Juli 1943 ergab die Meldung des schweren Panzerjäger-Regimentes 656 folgenden Stand der 89 Panzerjäger „Ferdinand": 7 Totalausfälle, 46 Instandsetzungen und

Ein Fahrzeug des 3. Zuges der 1. Kompanie, unterwegs in Richtung Karatchew. (KHM)

[16] R. Töppel. Kursk 1943, S. 128

[17] ff. S. 128

Der »Ferdinand« 511 passiert einen defekten Panzerkampfwagen IV. (KHM)

36 einsatzbereite Fahrzeuge. Zudem sollten 70 Stück 12-Volt-Batterien sofort per Flugzeug nach Orjol gebracht werden. Die vielen Minenschäden forderten ihren Tribut. Dennoch wurde der Einsatz der »Ferdinande« als erfolgreich bezeichnet. Am nächsten Tag wurden neben den 7 Totalausfällen (8%) 48 Instandsetzungen (54%) und 34 einsatzbereite Fahrzeuge (38%) gemeldet. Dabei hatten die beiden Panzerjäger-Abteilungen am dritten Kampftag 40 Feindpanzer vernichtet. Doch die Fahrzeuge waren durch die Dauerbelastung und den intensiven Beschuss stark reparaturbedürftig. Es blieb auf Grund der desolaten Lage an der Front keine Zeit für den notwendigen technischen Dienst. Dadurch stieg der Verschleiß überproportional an. Die Fahrzeuge wurden in kleinen Gruppen oder sogar einzeln bei verschiedenen Divisionen zur Abwehr der angreifenden Roten Armee eingesetzt und anschließend immer öfter zum Retter in höchster Not.
Am 8. Juli meldete das schwere Panzerjäger-Regiment 656 einen abnormalen Schmiermittelverbrauch an die übergeordnete Abteilung für Betriebsstoffe. Erstens wurde für das einmalige Abschmieren eines »Ferdinand« 15 kg Abschmierfett benötigt. Auf Grund der hohen Beanspruchung des Laufwerkes trat eine anormale Erwärmung auf, die das Fett austreten ließ. Dazu kam noch eine zusätzliche Erwärmung der 5. Laufrolle infolge der austretenden Auspuffgase. Um die Einsatzbereitschaft des Laufwerkes zu gewährleisten, musste das Laufwerk täglich oder spätestens nach jeweils 50 km abgeschmiert werden. Deshalb ergab sich für die 89 »Ferdinande« mit je 15 kg ein täglicher Verbrauch von 1335 kg Abschmierfett. Bei der III. Abteilung des Regimentes, der Sturmgeschütz-Abteilung 216 mit ihrem Sturmpanzer IV, trat ebenfalls ein erhöhter Bedarf ein, der durch das um 4 t überlastete Fahrwerk bedingt war. Durch die sich ständig in der Reparatur befindlichen »Ferdinande« konnte der Tages-Bedarf von 1335 kg Abschmierfett für diese Abteilung kompensiert werden. Der zweite Punkt war der Bedarf an Motoröl. Auf Grund der hohen Beanspruchung der beiden Maybach-Motoren im »Ferdinand« wurde ein Motorölwechsel spätestens nach 100 km für unbedingt notwendig angesehen. Darin war zudem berücksichtigt, dass die Motoren während des Einsatzes auch im Stillstand laufen mussten, damit das Fahrzeug jederzeit geschwenkt werden konnte. Für einen »Ferdinand« bestand der Bedarf für eine Ölfül-

lung bei 54 Litern, was einen Gesamtbedarf von 4806 Litern ergab. Beim Sturmpanzer IV trat eine doppelte Beanspruchung des Maybach-Motors im Vergleich zum Panzerkampfwagen IV auf. Die Eigenart der Waffe beim Einsatz entsprach der des »Ferdinand«, so dass ein Ölwechsel nach spätestens 400 km notwendig wurde.

Bei 27 Litern für eine Ölfüllung ergab sich ein Gesamtbedarf von 1215 Litern Motoröl für die III. Abteilung. Dazugerechnet wurde der Ölverbrauch des »Ferdinand« mit etwa 15 bis 20 Litern, der des Sturmpanzers mit 4 bis 6 Litern pro 100 km. Deshalb betrug der **Tagesbedarf** des schweren Panzerjäger-Regimentes 656 an Schmiermittel bei einer täglichen Fahrleistung von 25 km pro Panzerkampfwagen: 868 Liter Motorenöl, 300 Liter Getriebeöl (*Sturmpanzer*) und 1335 kg Abschmierfett.

Mit dem Stand vom 14. Juli 1943 entstanden bei den beiden Abteilungen 19 Totalverluste, die sich bis zum 1. August 1943 auf 20 Totalausfälle erhöhten. Allerdings stehen die Zahlen im Gegensatz zu der Untersuchungskommission der Roten Armee vom 15. Juli (siehe weiter unten), die später die erbeuteten »Ferdinands« untersuchte.

Guderian schrieb über den Einsatz des »Ferdinand« Mitte Juli anlässlich der Operation »Zitadelle«: *»Meine Befürchtungen bezüglich der mangelden Frontreife der „Panther" hatten sich bestätigt. Ebenso konnten die 90 Porsche-Tiger, welche bei der Armee Model eingesetzt waren, den Anforderungen des Nahkampfes nicht genügen, weil sie eine zu geringe Ausstattung mit Geschützmunition aufwiesen, die noch dadurch verschärft wurde, dass diese Panzer über keine Maschinengewehre verfügten und nach dem Eindringen in die feindliche Infanterie-Kampfzone buchstäblich mit Kanonen auf Spatzen schießen mussten… In der russischen Artilleriestellung angelangt, sahen sie sich allein.«*[18]

Diese Meinung bildete sich vermutlich aus dem Bericht an den Generalstab über die Einsatzerfahrung mit dem schweren Panzerjäger-Regiment 656, in dem stand, dass das sehr starke Artillerie-Feuer den Angriff der Infanterie zerschlug, so dass die Panzerjäger allein im Gelände standen und das Artillerie-Feuer auf sich zogen. Die fehlende Bewaffnung mit MG rächte sich. Die entsprechend hohen Ausfälle von 19 Panzerjägern »Ferdinand« schob man auf den größten Teil von Artillerie-Volltreffern auf die Grätings. Diese Behauptung kann durchaus angezweifelt werden, da die schon genannte Kommission der Roten Armee am 15. Juli nach dem Rückzug der Wehrmacht vom Schlachtfeld von Ponyri die zurückgelassenen »Ferdinande« genau untersucht hatte. Dabei stellte sie fest, dass einige Panzerjäger in Brand gesteckt wurden. Allerdings hatten die ausbootenden Besatzungen ihre festsit-

Ein durch Minenschäden aufgegebener »Ferdinand« der schweren Panzerjäger-Abteilung 654. In diesem Fall das Fahrzeug 501, das später nach Kubinka kam. (KHM)

[18] Guderian: Erinnerungen eines Soldaten, S. 283

zenden Fahrzeuge selbst zerstört. So waren laut dieser Kommission 21 Panzerjäger »Ferdinand« auf dem Schlachtfeld zurückgeblieben. Darunter waren 16 Fahrzeuge infolge beschädigter Ketten und Leiträder bewegungsunfähig liegengeblieben. Unter diesen waren 10 Fahrzeuge infolge von Minen sowie die anderen 6 Fahrzeuge infolge von Geschütztreffern auf das Laufwerk ausgefallen. Davon wurden 14 »Ferdinande« daraufhin von der Besatzung in Brand gesetzt. Direkt abgeschossen wurde nur ein »Ferdinand« durch einen seitlichen Durchschuss in den Tank mittels eines 76-mm-Geschosses. Ein weiterer »Ferdinand« erhielt einen Bomben-Volltreffer sowie ein anderer Panzerjäger einen Treffer einer 203-mm-Granate direkt auf das Dach des Kampfraumes. Ein weiteres Fahrzeug hatte sich festgefahren und nur ein Fahrzeug war durch Nahkampfmittel in Brand geraten.

Zwei »Ferdinande« wurden repariert und zur Erprobung bzw. für Ausstellungen verwendet. Ein weiterer »Ferdinand« wurde für Beschuss-Versuche zerstört. Auch blieben nach dem deutschen Rückzug auf die »Hagenstellung« einige defekte und ausgeschlachtete »Ferdinande« in den Reparaturstützpunkten der Instandsetzungsabteilungen zurück, da oft keine Bergemöglichkeit bzw. keine SSyms beim Rückzug zur Verfügung standen. Auch zeigen die meisten Fotos der zurückgelassenen »Ferdinande« meist nur Fahrgestell- und Brandschäden. Die geschilderten Artillerie-Volltreffer hätten ein anderes Ausmaß an Zerstörung an den Fahrzeugen angerichtet. Zudem bestand für die sowjetische Kommission keinen Grund, diese Volltreffer nicht zu erwähnen.

Laut dem deutschen Erfahrungsbericht kam es bis zum 11. Juli durch Minen zum zeitweisen Ausfall von 40 Panzerjägern »Ferdinand«, bei denen in der Masse einige Kettenglieder und zum Teil auch Laufrollen und Schwingarme beschädigt wurden. Trotz der hohen Ausfallrate erreichten die »Ferdinande« und Sturmpanzer stets die befohlenen Ziele. Diese Erfolge mussten jedoch oft aufgegeben werden, da Panzerjägern und Sturmpanzern des Regimentes keine Panzereinheiten nachgeführt wurden und die Infanterie nicht die Kraft hatte, den Panzerjägern zu folgen. In diesem Fall wäre bei so einem tiefgestaffelten Hauptkampffeld und der starken artilleristischen Überlegenheit des Gegners ein Durchbruch nur mittels Kopplung einer Panzerdivision und Schützen auf SPW unter wesentlich geringeren Verlusten gelungen.[19]

Auch Angehörige der schweren Panzerjäger-Abteilungen sagten nachträglich aus: *»dass sich die „Ferdinande" im Einsatz bewährt hatten und bei der Truppe sehr beliebt*

Ein typischer Anblick zu Beginn der Kursker Schlacht. Ein wesentlicher Teil der Fahrzeuge ging infolge von Minenschäden verloren. Einmal bewegungsunfähig waren die Panzerjäger exponierte Ziele für die sowjetische Artillerie. (KHM)

waren. Beim Gegner löste sein Auftauchen oft Panik aus und er zog sich stellenweise fluchtartig zurück.«[20] Auch im Kriegstagebuch der 9. Armee vom 9. Juli stand: *»Hervorzuheben ist ein erfolgreicher Teilangriff des XXXXI. Panzerkorps, wobei sich die Ferdinand-Panzer wie bisher als treibende Kraft des Angriffs gut bewähren.«* Zwei Tage später meldete das XXIII. Armeekorps: *»Der Einsatz von sieben „Ferdinande", die dem Angriff der Infanterie folgten und durch Sturmgeschütze eskortiert wurden, hat sich beim Aufbrechen der feindlichen Stellungssysteme und bei der Abwehr wiederholter Gegenangriffe sehr bewährt.«*[21]

Es entstanden noch einige Erfahrungsberichte in dieser Zeit, die vielen Lesern bekannt sein dürften. Jedoch sollten hier die Berichte zitiert werden, die, dem Charakter des Buches entsprechend, die technischen Probleme des »Ferdinand« zu dieser Zeit wiedergeben.

Am 19. Juli 1943 schrieb ein Unteroffizier Böhm an General Hartmann aus dem Rüstungsministerium: *»... Der „Ferdinand" hat sich bewährt, er war entscheidend hier und man kann heute ohne eine derartige Waffe gegen die feindlichen Panzermassen nicht aufkommen, Sturmgeschütze unzureichend. Der elektrische Antrieb hat sich voll bewährt, die Fahrer und Besatzungen waren angenehm überrascht. Motor- und elektrische Ausfälle gering. Motor ist als schwach bekannt für die Tonnage, Ketten etwas schmal. Wenn er nach den Erfahrungen des Einsatzes verbessert wird, wird er prima! ... Sie kamen etwas spät und sind zu wenig. Zehnmal mehr davon bräuchten wir, dann kämen wir voran ...«*[22]

Zudem gab es noch einen Bericht vom 25. Juli 1943 von Porsche-Mitarbeiter Heinz Gröschl an Professor Porsche. Gröschl war eigens zur schweren Panzerjägerabteilung 653 abgeordnet worden, um die noch bestehenden Mängel vor Ort zu analysieren und gegebenfalls abzustellen:

»Unsere Fahrzeuge befinden sich nun drei Wochen im Einsatz und haben mit den vorher gefahrenen km insgesamt durchschnittlich 500 km zurückgelegt. Ich habe genügend Erfahrungen gesammelt, dass ich Ihnen ein Bild entwerfen kann über die Bewährung bzw. die Fehler unserer Fahrzeuge. In Übereinstimmung mit den maßgeblichen Herren der Abteilung kann ich sagen, dass die Waffe Erfolg hatte, und es wurde allgemein bedauert, dass nur die geringe Anzahl zur Verfügung stand. Bei einer durchschnittlichen Abschußzahl von 15 pro Fahrzeug darf man wohl von Erfolg sprechen. Es muß allerdings hervorgehoben werden, dass die genannte Zahl hätte weit höher liegen können. Leider liegt fast immer der größte Teil aller Fahrzeuge in Reparatur. Dieser Zustand verschlechtert sich zudem von Tag zu Tag, weil, bei zunehmendem Verschleiß aller Teile, der ohnehin viel zu knapp bemessene Ersatzteilvorrat aufgebraucht ist. Ein Ersatzteilnachschub ist bis heute praktisch überhaupt nicht zu verzeichnen. Von dem ursprünglichen Bestand von 44 Fahrzeugen fehlen bis heute 17. Davon sind sieben auf Befehl des Regiments an die anderen Abteilungen abgegeben worden, die restlichen zehn mußten als Totalausfälle abgebucht werden. Nachstehend berichte ich Ihnen über die häufigsten Schäden und Störungen.

Laufwerk (Rollenwagen):

Durch Überbelastung sind wider Erwarten keine Schäden aufgetreten. Der weiche Boden dürfte eine bedeutende Rolle gespielt haben. Der Verbrauch an Gummipuffern (besonders an den beiden hinteren Rollenwagen) und an Gummiringen (meist in der 5. unter dem Auspuff gelegenen Laufrolle) war sehr groß. Nutmuttern haben sich nicht gelöst, trotzdem ein großer Teil der Fahrzeuge mit der alten Blechsicherung läuft. Wechseln von eingerollten Laufringen muß jetzt in größerem Maße durchgeführt werden. Durch Feindeinwirkung sind bis jetzt etwa 20 Rollenwägen (Schwingarm mit Federgehäuse) und eine größere Anzahl Rollen unbrauchbar geworden. Verwundene Schwingarme, geborstene Federgehäuse, samt der Nutmutter herausgerissene, oft deformierte Rollen waren die hauptsächlichsten, meist durch Minen zurückzuführen. Leider war und ist Ersatz nicht in ausreichendem Maße vorhanden. Nach Möglichkeit wurden Teile von ausgefallenen Fahrzeugen verwendet.

Antriebe (Vorgelege):

Außer einem Fall in Neusiedl, der von Herrn Zadnik sicher besprochen wurde, bis jetzt anstandslos. Verriebene Ketten-Befestigungsschrauben sind Ihnen ja genügend bekannt.

Leitwerk mit Bremse:

Einige Fälle von Bremsschäden in Neusiedl sind Herrn Zadnik bekannt. Seither keine Schwierigkeiten. Bei zwei

[19] BAMA: RH 10/58

[20] R. Töppel. Kursk 1943, S.129

[21] ff. S.224

[22] K.H. Münch: Einsatzgeschichte der schweren Panzerjäger-Abteilung 653,S. 46

Arbeiten am Vorgelege des Fahrzeugs 133. Das Antriebsrad wurde schon demontiert. (KHM)

Der »Ferdinand« der schweren Panzerjäger-Abteilung 654 wurde auf Grund der fehlenden Ersatzteile auf der Rückzugsstraße nach Brjansk ausgeschlachtet. (KHM)

Fahrzeugen, die aber mit der Beschädigung noch einen bzw. zwei Tage im Einsatz blieben, wurde je eine Bremstrommel durchschossen. Die inneren Teile waren natürlich vollkommen zerstört.

Kette:
Ist in der letzten Zeit eines der schwierigsten Probleme geworden. Bei den meisten Fahrzeugen ist ein Drittel bis die Hälfte aller Glieder ein bis zweimal gebrochen. Ersatz fehlt gänzlich. Durch Minen und Beschuß ist eine große Anzahl von Gliedern unbrauchbar geworden.

Wanne:
Hat sich als fast beschußsicher erwiesen. Außer einem Durchschuß (7,62 cm Kaliber) seitlich in der Gegend der hinteren Lüfterantriebswellen ist, abgesehen von vielen Narben, alles heil geblieben. Auch dieser Durchschuß blieb zufällig ohne nachteilige Folgen. Dagegen hat die Praxis gezeigt, dass die Grätings eine verwundbare Stelle sind, denn außer Brandflaschen setzt ein Ari- oder Bombentreffer auf oder in die Nähe der Grätings das Fahrzeug in Brand. Die Splitter dringen in den Brennstoffbehälter ein oder beschädigen andere wichtige Teile, z.B. Wasserrohrleitungen. Die Temperatur im Motorraum ist so hoch, dass in einzelnen Fällen der Brennstoff in den Behältern zu kochen begann. Die Anordnung von Winden, Werkzeugen und Seilen außerhalb der Wanne war verkehrt. Es war vorauszusehen, dass diese Gegenstände in kürzester Zeit demoliert sind.

Aufbau:
Wurde in zwei Fällen ebenfalls seitlich durchschossen. Die Abdichtung des Aufbaus bzw. der Grätings auf der Wanne ist äußerst mangelhaft oder fehlt ganz. Durch die Kugelblende der Geschützrohre dringen ganz feine, aber nicht ungefährliche Splitter ein. Es gab Verwundungen unter der Besatzung. Die Temperatur im Kampfraum ist noch zu hoch. Es ist vorgekommen, dass sich die Munition für die Leuchtpistole selbst entzündete. Nach Angaben der Fahrzeugführer und Richtschützen führt die Erwärmung der am Boden liegenden Granaten zu Weitschüssen.

Otto-Motoren:
Ausfälle an Motoren sind in der letzten Zeit recht zahlreich. Es treten folgende Schäden auf: verbogene oder abgerissene Ventile, als Folge davon zertrümmerte Kolben, verbogene oder abgerissene Pleuelstangen, gerissene Zylinderköpfe. Ich bin der Ansicht, dass eine zu knapp bemessene Leistung die Hauptursache dieser Erscheinungen ist. Risse im Zylinderkopf und undichte Zylinderlaufbüchsen sind sicher eine Folge von Überhitzung. Ein Wasserverlust von 10 Litern ist erfahrungsgemäß nicht tragbar. Die Dichungen des Auspuff-Sammelrohres halten fast ausnahmslos nur kurze Zeit. Dies ist eine ständige Brandgefahr. Der Einbau neuer Dichtungen ist bei der bekannten Unzugänglichkeit eine äußerst schwierige und zeitraubende Arbeit. Zur Zeit ist es unmöglich, defekte Motoren ganz auszuwechseln, weil Ersatzmotoren fehlen.

Der akute Ersatzteilmangel zwang dazu, die dringend benötigten Ersatz-Motoren per Flugzeug einzufliegen. (WS)

Beispiel einer Panzerwerkstatt im Feld. Es dominieren im Bild die HL 120 TRM-Motoren.

Aufbau:
Wurde in zwei Fällen ebenfalls seitlich durchschossen. Die Abdichtung des Aufbaus bzw. der Grätings auf der Wanne ist äußerst mangelhaft oder fehlt ganz. Durch die Kugelblende der Geschützrohre dringen ganz feine, aber nicht ungefährliche Splitter ein. Es gab Verwundungen unter der Besatzung. Die Temperatur im Kampfraum ist noch zu hoch. Es ist vorgekommen, dass sich die Munition für die Leuchtpistole selbst entzündete. Nach Angaben der Fahrzeugführer und Richtschützen führt die Erwärmung der am Boden liegenden Granaten zu Weitschüssen.

Otto-Motoren:
Ausfälle an Motoren sind in der letzten Zeit recht zahlreich. Es treten folgende Schäden auf: verbogene oder abgerissene Ventile, als Folge davon zertrümmerte Kolben, verbogene oder abgerissene Pleuelstangen, gerissene Zylinderköpfe. Ich bin der Ansicht, dass eine zu knapp bemessene Leistung die Hauptursache dieser Erscheinungen ist. Risse im Zylinderkopf und undichte Zylinderlaufbüchsen sind sicher eine Folge von Überhitzung. Ein Wasserverlust von 10 Litern ist erfahrungsgemäß nicht tragbar. Die Dichungen des Auspuff-Sammelrohres halten fast ausnahmslos nur kurze Zeit. Dies ist eine ständige Brandgefahr. Der Einbau neuer Dichtungen ist bei der bekannten Unzugänglichkeit eine äußerst schwierige und zeitraubende Arbeit. Zur Zeit ist es unmöglich, defekte Motoren ganz auszuwechseln, weil Ersatzmotoren fehlen.

Kühlung:
Undichte Kühler und ausgeschlagene Lüfter haben uns schon öfter viel Arbeit verursacht. Die Kühler rinnen meistens in der Lötung des unteren Stutzens. Ich nehme an, dass die kurze, starre Rohrverbindung zwischen den unteren Stutzen zweier Kühler die Ursache ist. Bei ausgeschlagenen Lüftern wurde der Abtriebsflansch mit der Lüfterwelle verschweißt. Ersatzteile dafür fehlen.

Generatoren, E-Motoren:
In Neusiedl hatten wir die letzte Störung in einem Generator. Es war wieder der bekannte Schluß an dem nach unten angeordneten Messerkontakt. Seitdem laufen die Anlagen fehlerfrei. Es muß allerdings betont werden, dass wir bis jetzt überwiegend trockenes Wetter hatten und die Fahrzeuge selten ganz erkalten. Dagegen ist die Staubansammlung besonders in den Generatoren sehr beachtlich, obzwar die Betriebssicherheit nicht zu leiden scheint.

Fahrschalter:
Ist ebenfalls ohne nennenswerte Störungen geblieben. Bei drei Fahrzeugen wurde bisher je ein Umkehrfeldregler erneuert. Auch hier läßt die Staubdichtheit sehr zu wünschen übrig.

Lichtmaschinen, Sammler:
Die Lichtmaschine mit umgekehrter Drehrichtung hat zu größeren Komplikationen Anlaß gegeben. Der Totalausfall

eines Fahrzeuges ist auch darauf zurückzuführen. Es gab täglich mehrere Fahrzeuge mit durchgebrannten Sicherungen und daher entladenen Batterien. Herr Zadnik wird Ihnen bereits darüber berichtet haben. Wir sind jetzt dazu übergegangen, die Lichtmaschinen mit ihrer früheren Drehrichtung einzubauen und haben diese Arbeit schon an neun Fahrzeugen durchgeführt. Die Beanstandungen haben damit aufgehört. Herr Scharpf von der Firma Bosch, der uns in dieser Angelegenheit bereits zur Seite stand, ist leider dabei gefallen. Die Befestigung der Sammler (12-Volt-Batterien – d.A.) *ist schlecht. Allein der erste Angriffstag hat uns über 30 Sammler gekostet. Jeder Minenläufer hat mindestens einen und nicht selten sämtliche Sammler eingebüßt. In allen Fällen waren die Gehäuse geplatzt oder ganz zertrümmert. Beschuß hat mitunter die gleiche Wirkung. Die beiden Funk-Sammler sind sehr stark beansprucht und müssen daher oft außerhalb der Fahrzeuge nachgeladen werden.* (Wie schon zuvor beschrieben, forderte das schwere Panzerjäger-Regiment 656 am 7. Juli dringendst 70 Batterien -12 Volt 105 Ampere- per Flugzeug nach Orjol an).

Telekinzüge, Tachometer:
An Telekinzügen (Bowdenzüge – d.A.) *treten auch Störungen auf, die nur mit großen Schwierigkeiten behoben werden können, denn es ist nicht das kleinste Ersatzteil in unsere Hände gelangt. Tachometer sind an vielen Fahrzeugen ausgefallen. Die Fahrzeuge laufen ohne Tacho. Derartige, zudem so schwer zugängliche Instrumente müßten mit größter Sicherheit funktionieren, denn im Einsatz bleibt keine Zeit zur Instandsetzung derselben.*

Geschütze:
Die Kanone ist in ihrer Wirkung sehr gut, ist aber fast ständig reparaturbedürftig. Im Lauf brechen aus noch nicht geklärten Gründen die Felder aus und der Kartuschenauswurf funktioniert nicht. Mit Hammer und Meißel müssen oft die Kartuschen entfernt werden. Durch Fahren im Gefecht mit ungezurrtem Rohr schlagen Höhen- und Seitenrichtmaschinen aus, so dass an der Rohrmündung ein Totgang bis zu 20 cm festgestellt wurde. Durch die Erwärmung des ganzen Fahrzeuges verklemmen sich oft die Richtmaschinen. Die Justierung muß nach kurzer Einsatzzeit wieder vorgenommen werden. Die vordere Rohrstütze wurde in einigen Fällen weggeschossen. Ein genauer Bericht ist von Stabsfeldwebel Brunnthaler an den Kommandeur der Abteilung 653 zur Weiterleitung übergeben worden.«[23]

Auf das geschilderte Problem der Batterien muss etwas näher eingegangen werden. Der »Ferdinand« besaß vier 12-Volt-Batterien mit 105 Ampere. Davon waren je zwei Batterien parallel sowie beide Gruppen in Reihe geschaltet. Für die Bordspannung wurden 12 Volt benötigt. Die Erregung des elektrischen Antriebes, die beiden Anlasser sowie die beiden Lichtmaschinen arbeiteten mit 24 Volt Spannung. Diese vier Batterien befanden sich vorn rechts direkt auf dem Boden unter dem Funkersitz. Bei dem Auslösen der Minen oder anderer Sprengkörper wurde zwar die Bodenpanzerung nicht durchschlagen, jedoch war die Schockwirkung der Explosion so heftig, dass die Batteriegehäuse zum Teil rissen und so zerstört wurden. Die Otto-Motoren liefen dank der Magnetzündung auch ohne Batteriespannung weiter, die Gleichstrom-Lichtmaschinen lieferten noch Spannung für die Erregung sowie für die elektrische Abfeuerung, da aber das Fahrwerk oder zumindestens die Kette in der Regel beschädigt war, fiel das Sturmgeschütz vorerst aus.

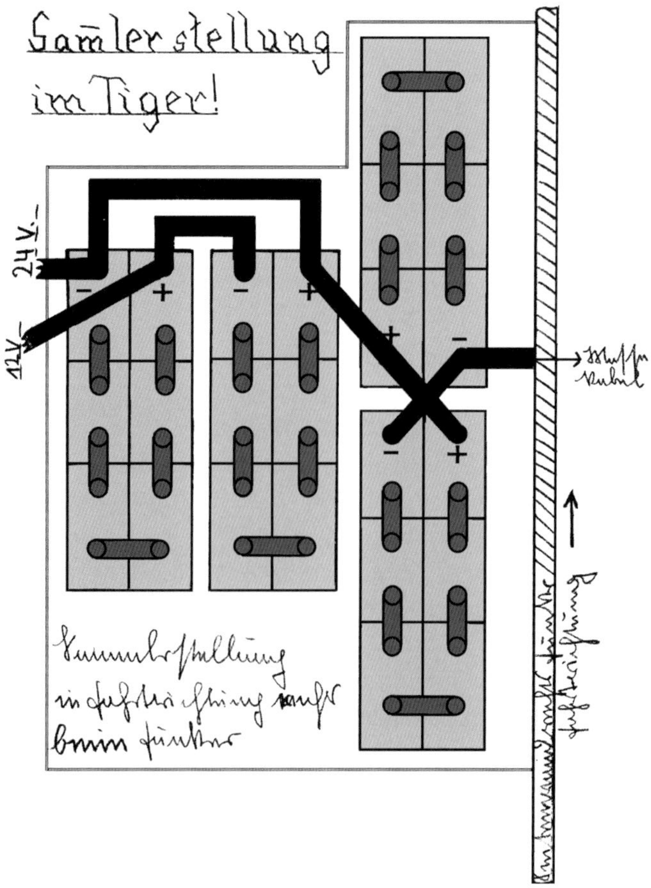

[23] PA.M.K1.4.8

Zum anderen existiert noch ein technischer Bericht von einem T.T.V.-Rat Schwarz (schwere Panzerjäger-Abteilung 654) an den Konstrukteur Xaver Reimpieß vom 8. August 1943:

»... Das Laufwerk, das wir wohl vor allem Ihrer persönlichen Kunst zu verdanken haben, hat sich ausgezeichnet bewährt. Wie ich Ihnen schon schrieb, waren in kürzester Zeit fast sämtliche Laufwerksschäden zu beheben. Gegenüber einem Laufwerk, wie es heute „Panther“ und „Tiger“ aufweisen, ist dieses Laufwerk weit überlegen. Einmal ist beim „Ferdinand“ wohl die kürzest denkbare Auswechslungszeit für eine Laufrolle bei einem solch schweren Fahrzeug möglich. Auch traten bei keinem der Fahrzeuge bei den rund 500 km Fahrt eine Ermüdung der Gummiringe ein, mit Ausnahme der 5. Laufrolle, auf die der Auspuffgasstrahl unmittelbar auftrifft. Ich halte dieses Laufwerk wohl für das Ideale für so schwere Panzer, und die Einbaufähigkeit an der Wanne wird auch bei nicht ganz so starker Seitenpanzerung möglich sein. Konstruktiv wäre noch darauf zu achten, dass man gegebenenfalls zum Abschleppen kleine Kettenringe um den Laufwagen legen kann, wie Sie es bei dem ins Ni-Werk zurückgeschickten „Ferdinand“ sehen, der im übrigen ein Konglomerat aus Ersatzteilen mehrerer „Ferdinande“ darstellt. Sehr gut hat sich eigentlich der elektrische Antrieb bewährt, nur müßte bei Neuausführung der Elektromotor noch mehr dem Otto-Motor regeltechnisch angepaßt werden.

Für die Instandsetzung hat sich als sehr günstig schon jetzt die Anordnung des nur aufgesetzten Turmes und der Grätingplatten bewährt. Wir konnten in der Werkstatt jegliche im Einsatz aufgetretenen Schäden praktisch in zwei Arbeitstagen wieder beheben und das Fahrzeug in dieser unverhältnismäßigen kurzen Zeit wieder einsatzbereit machen. Nach Aussagen von Tiger- und Panthereinheiten dauert dort allein der Ausbau einer hinteren Laufrolle zwei bis drei Tage (!). Vom kriegstechnischen her gesehen, scheint mir die Panzerung von 200 mm übertrieben stark, auch 20 bis 30 Volltreffer russischer Pak bis 10,2 cm Kaliber haben dem „Ferdinand“ maximal nur 5-cm tiefe Wunden zugefügt, so dass man wohl mit 12 bis 14 cm Frontpanzerung ausgekommen wäre. Die Seitenpanzerung scheint mir nicht übertrieben stark, da der verhältnismäßig langsame „Ferdinand“ leicht von schnellen Russenpanzern Flankenfeuer bekommen kann.

Dass die Ketten verstärkt werden müssen, war ihnen selbst schon damals klar, und wenn ich mich recht entsinne, sollen für den „Ferdinand“ im August ja stärkere Ketten nachgeliefert werden. Aber auch die jetzige Kette hat eigentlich schon ausgezeichnete Laufdauer bewiesen und war nur bei Auftreffen auf mehrere Minen gleichzeitig zu schwach.«[24]

Zu dem Problem der Kette hatte es tatsächlich schon eine Neuentwicklung gegeben. Professor Porsche zeigte sich anlässlich einer internen Besprechung am 26. August 1943 allerdings äußerst ungehalten darüber, dass Skoda noch immer die alten Ketten an das Nibelungenwerk lieferte, obwohl die neue Kette große Vorteile besaß. Der Porsche-Vertreter bei Skoda, Fender, sah die Schuld bei dem Nibelungenwerk, da dieses keine Unterbrechung duldete und verlangte, dass Skoda weiterhin die alten Ketten lieferte. Erst ab September sollte nur noch die neue Kette an das Nibelungenwerk geliefert werden.[25]

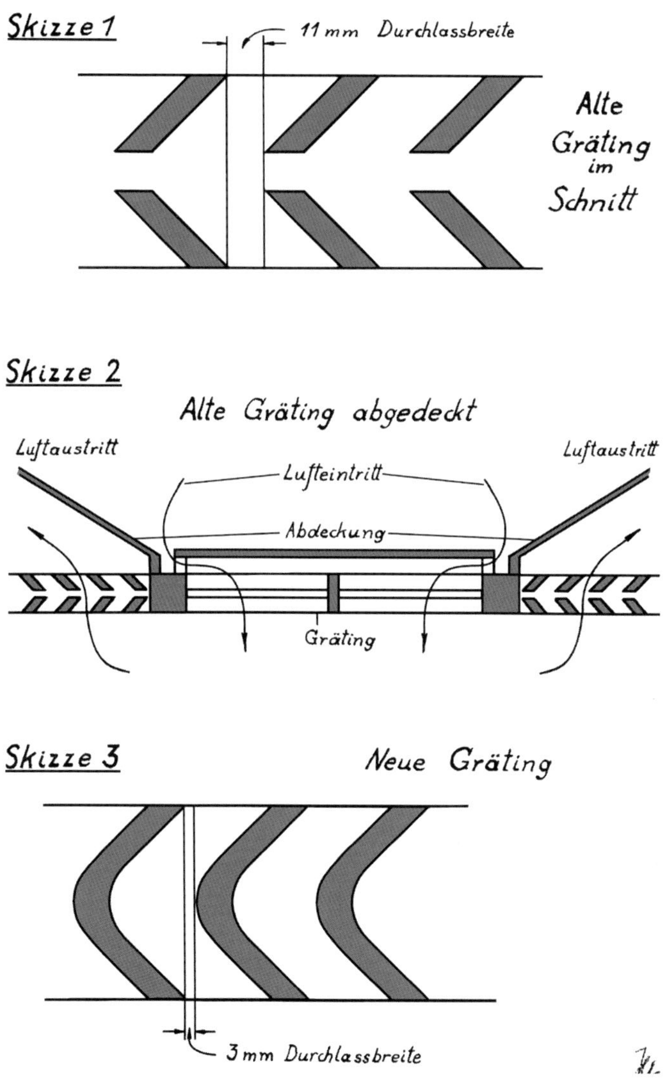

24 PA.M.K1.4.9
25 ebd.

Schon Ende Juli erfolgten in der Verskraft Messungen verschiedener Grätings, deren Ergebnisse erst am Ende des Folgemonats zusammengefasst wurden. Schon am 26. Mai hatte die Firma Windhoff ihre Ergebnisse der Versuche über die günstigsten Grätingformen für das Sturmgeschütz VK 4501 P an Alkett geschickt. Neben der derzeit im »Ferdinand« verwendeten Gräting wurden die neu vorgeschlagenen Typen untersucht. Die Messungen der Luftwiderstände ergaben, dass die zur Zeit verwendete Gräting die weit aus schlechteste Form sämtlicher untersuchter Grätingsformen besaß. Beispielsweise ergaben sich an einer der neuen Grätingformen bei einer Luftgeschwindigkeit von 15,5 m/s ein Luftwiderstand von 40 mm WS während an der »Ferdinand«-Gräting ein Luftwiderstand von 200 mm WS gemessen wurde. Für die Verskraft ging es aber nicht nur um einen für das Kühlsystem erforderlichen geringen Strömungswiderstand, sondern auch um die Splittersicherheit der Grätings. Zudem musste die neue Gräting infolge der kurzen Instandsetzungszeit schnell herstell- und lieferbar sein.

Die Kämpfe hatten gezeigt, dass die verwendeten Grätings mit ihrer Durchlassbreite von 11 mm zu durchlässig für Splitter waren (Skizze 1). In Folge dessen wurden die Elektro-Generatoren, die Otto-Motoren sowie die Kraftstoffbehälter derart beschädigt, dass Totalausfälle in der Praxis auftraten. Um das zu vermeiden, gab es zwei Möglichkeiten. Die erste bestand in einer von der Truppe vorgeschlagenen zusätzlichen Abdeckung über die bisherigen Grätings (Skizze 2). Der zweite Vorschlag sah eine neue Gräting mit einer Durchlassbreite von nur 3 mm vor (Skizze 3). Um schnell auf hohe Endwerte bei den relativ niedrigen Außentemperaturen von 19°–26°C zu kommen, wurden Bahn 1 und 2 in den Schlagebergen zur Messung benutzt.

Desweiteren sollte gemessen werden, inwieweit die durch das vorbeigeführte Auspuffrohr bedingte Temperaturerhöhung der Grund für die eingetretene Selbstentzündung von Munition war. Dazu wurden Messungen an den Munitionshalterungen durchgeführt, die im Kampfraum am Boden über der Auspuffführung angebracht waren. Die Ergebnisse ergaben, dass bei abgedeckter Gräting, so wie von der Truppe vorgeschlagen wurde, die Temperaturen im Durchschnitt um 6°C höher lagen als bei der herkömmlichen Ausführung. Bei der neuen Gräting von Alkett lagen die Temperaturen dagegen um 9°C niedriger als bei der alten Gräting. Die Zahlen sprachen eindeutig für die neue

Am Fahrzeug 534 ist gut das Luftleitblech der Elektromotorenabluft erkennbar. (KHM)

Die 1. Kompanie der schweren Panzerjäger-Abteilung 653 auf dem Marsch. (KHM)

Grätingform, die eine wesentliche Verbesserung gegenüber den bisherigen in den Truppenfahrzeugen befindlichen Grätings darstellte. Die Messungen an den Munitionshalterungen ergaben dagegen keine bedenklich erscheinenden Werte. Diese lagen selbst mit der ungünstigsten Gräting nicht über 50°C.
Am 6. August legte Alkett ihre Kostenrechnung dem HWA vor. Darin rechnete das Werk in Spandau für die Beschaffung der erforderlichen Materialien sowie der Ausführung der Arbeiten für den Umbau von den 90 Porsche-Tigern zum Sturmgeschütz mit 607.624,60 RM. Darin waren allerdings weder die Maybach-Motoren noch die Bewaffnung und Ausrüstung enthalten, da diese vom HWA gestellt wurden.
Indes zwang der schlechte technische Zustand der Panzerfahrzeuge den Kommandeur des schweren Panzerjäger-Regiments 656, Oberst von Jungfeld, am 24. Juli zur Meldung der problematischen Lage an das Armee-Oberkommando. In dieser stand u.a., dass das Regiment seit dem 5. Juli ununterbrochen im Einsatz war. Nur die I. Abteilung hatte einmalig 24 Stunden für technische Wartung gehabt. Sowohl die »Ferdinande« wie auch die Sturmpanzer wiesen außerordentlich viele technische Mängel auf, so dass nach einem drei- bis fünftägigen Einsatz die Fahrzeuge für zwei bis drei Tage in den Werkstätten wieder einsatzfähig gemacht werden mussten.
Durch die Überbeanspruchung der Fahrzeuge, für die eigentlich alle 14 bis 20 Tage eine technische Instandsetzung vorgesehen war, mehrten sich die Fälle, wo reparierte Fahrzeuge auf dem Weg zur Truppe wieder ausfielen. Deshalb kündigte der Oberst dem Armee-Oberkommando an, dass das Regiment in allerkürzester Zeit nicht mehr einsatzbereit sein würde. Zur Zeit verfügte das Regiment über 54 »Ferdinande« und 41 Sturmpanzer. Einsatzbereit waren 25 »Ferdinande« (davon vier nur bedingt) und 18 Sturmpanzer. Deshalb schlug der Regiments-Kommandeur vor, dass die Fahrzeuge aus der Front herausgenommen werden. Es sollten nur drei Gruppen als bewegliche Reserve hinter der Front in Bereitschaft gelassen werden, alle anderen »Ferdinande« gingen in die Werkstatt.

Eindrucksvoll die Größe der Granatpatronen der 8,8-cm-Pak L/71. (KHM)

Am 26. August bestanden die beiden schweren Panzerjäger-Abteilungen 653 und 654 aus insgesamt 50 Panzerjägern »Ferdinand«. Das schwere Panzerjäger-Regiment 656, zu dem die beiden Abteilungen gehörten, hatte mit Stand Ende Juli 1943 502 sowjetische Panzer sowie 300 Geschütze vernichtet, davon hatte die schwere Panzerjäger Abteilung 653 allein einen Anteil von 320 Panzern bei eigenem Totalverlust von 13 Panzerjägern »Ferdinand«. Dies entsprach bei dem Regiment einem Abschuss-Verhältnis von 1:20, bei der Abteilung sogar 1:24. Zum Vergleich hatte die schwere Panzer-Abteilung 503 mit ihren Henschel-Tigern 1 und 2 während ihres gesammten Einsatz 1700 Panzer und 2000 Geschütze vernichtet, bei 252 eigenen Totalverlusten, was ein Verhältnis von 1:15 ergab, die schwere Panzer-Abteilung 508 kam sogar nur auf ein Verhältnis von 1:1,28. Natürlich hing dieses Verhältnis von vielen Faktoren ab, die nicht immer beeinflussbar waren. Dennoch konnte von einem Versagen der schweren »Ferdinande« nicht die Rede sein.

Seit Anfang August befand sich die schwere Panzerjäger-Abteilung 653 in Briansk in Ruhestellung. Dort traf auch die schwere Panzerjäger-Abteilung 654 mit ihren restlichen Fahrzeugen ein. Diese musste auf Befehl des Führerhauptquartiers ihre noch vorhandenen 19 »Ferdinande« an die Schwesterabteilung abgeben und wurde zur Neuausrüstung mit dem »Jagdpanther« nach Frankreich in den Raum von Orleans verlegt. Auf Befehl Hitlers wurde die schwere Panzerjäger-Abteilung 653 und die Sturmpanzer-Abteilung 216 zur Instandsetzung nach Dnjepropetrowsk verlegt. Dort sollten mit Hilfe der Firmen Porsche, Alkett und Siemens die Fahrzeuge auf den neuesten Rüstungsstand gebracht werden.

Der Abtransport stieß jedoch auf große Schwierigkeiten. Auch das Auffinden einer geeigneten Werkhalle führte zu weiteren Verzögerungen. Die ersten Werkstatt-Teile sowie die ersten vier »Ferdinande« trafen am 26. August vor Ort in Dnjepropetrowsk ein. Die Halle konnte jedoch erst ab dem

Die Einsätze erfolgten in einzelnen Kampfgruppen als »Feuerwehr« an der Front. (KHM)

29. August für die schweren Fahrzeuge hergerichtet werden. Zudem benötigte die Beschaffung der notwendigen Kräne mehr Zeit, als erwartet. So standen der Ferdinand-Abteilung drei 6-t- und zwei 3-t-Drehkräne zu. Zur laufenden Reparatur waren jedoch nur ein 3-t- und ein 6-t-Kran vorhanden, da ein Sd. Kfz 100 (*3-t-Kran*) durch ein Eisenbahnunglück zerstört wurde sowie ein 6-t-Drehkran seit der Räumung von Orjol während eines Eisenbahntransportes vermisst wurde. Dadurch mussten die Arbeitsgruppen wegen des Mangels an Hebezeugen aufeinander warten.
Für die frontnahen Instandsetzungs-Staffeln war dadurch kein einziger Kran vorhanden. Geplant hatte man eine vier- bis sechswöchige Instandsetzungszeit pro Fahrzeug, da die Masse der Fahrzeuge einer Grundinstandsetzung infolge des dreiwöchigen ununterbrochenen Einsatzes bedurfte. Richtiger wäre eine Instandsetzungspause alle 5 bis 6 Tage gewesen. Zudem waren alle zusätzlichen Formveränderungen durchzuführen. Ausgeführt werden sollten die Arbeiten an den »Ferdinands« von den Werkstatt-Kompanien der schweren Panzerjäger-Abteilungen 653 und 654, sowie die Arbeiten an den Sturmpanzern von den zusätzlich zugeführten Werkstatt-Kompanien 545 und 552.

Für den Panzerjäger »Ferdinand« wurden folgende Änderungen notwendig:

A. Brandbekämpfung

- Änderung der Grätings zum besseren Splitterschutz
- Abschirmung der Benzinleitung gegenüber dem Auspuff
- Änderung der Anschlüsse des Auspuffsammelrohres
- Tropfölschutz am Ventildeckel
- Verhütung der Ablagerung von Laub auf den Auspuffrohren
- Verbesserung der Zugänglichkeit des Motorraumes vom Kampfraum aus

Defekte »Ferdinande« und Sturmpanzer werden im Dezember für einen Abtransport Richtung Nikopol an der Straße gesammelt. Oben rechts ist über der Zugmaschine ein Berge-Ferdinand erkennbar. Ab September 1943 wurde vom Nibelungenwerk je ein Fahrzeug dieses Typs pro Kompanie geliefert. (KHM)

- Einbau einer Feuerlöschanlage bestehend aus zwei 5-Liter-Kohlensäureschnee-Löscher

B. Abhilfe gegen Minenschäden
- Elastische Lagerung der Batterien
- Entfernen der Befestigungsfüße an den Generatorgehäusen
- Verbesserung der Lichtmaschinen-Halterung

C. Beseitigung der Fehlerquellen der Schwachstromanlage
- Einbau der von der Firma Bosch vorbereiteten Lichtmaschinen mit neuen Ankern
- Speisung der Fremderregung der Generatoren mit 12 Volt anstatt 24 Volt (*Verbesserung der Funkverhältnisse*)
- Funkentstörung von Aufbau und Wanne
- Schutz der Amperemeter gegen Beschädigungen

D. Antrieb
- Rutschkupplungen an den E-Motoren starr schließen
- Einbau der größeren Übersetzung in das Seitenvorgelege
- Lieferung der neuen Ketten
- Erneuerung der Gummianschläge am Laufwerk

E. Starkstromanlage
- Widerstände K 58/8 als Schutz gegen Schwingungen versetzen
- Starre Erdung gegen solche mit hochohmigen Widerstand ersetzen
- Gründliche Reinigung der elektrischen Maschinen und Schaltgeräte
- An den Generatoren die Wanne unterhalb des Luftleitbleches entfernen

F. Aufbau
- Anbringen von Regenrinnen an der Stirnseite
- Abdichtung der Fuge zwischen Wanne und Aufbau
- Gitter auf den Grätings anbringen
- Vorspannung der Ausgleichsfeder an Fahrer- und Funkerluke erhöhen

Motorwechsel nach Abnahme des Aufbaus. (KHM)

Der Aufbau wird vom »Ferdinand« 102 mittels des 16-t-Strabo-Krans abgenommen. (KHM)

- Fühlstücke vor dem Aufbau an die Wanne anschweißen
- Ersatzkettenglieder, Werkzeuge und Gerätekästen an der Heckseite des Aufbaus anbringen
- Regen- und Blendschutz über den Winkelspiegeln anbringen
- Luftableitbleche unter der Heckschutzhaube anbringen
- Scharniere der Deckel über dem Motorraum besser verschweißen

G. Weitere Änderungen

- Formänderung und Schrägstellung der Geschützblende
- Schutz gegen Splitter hinter der Kugelblende durch Drehen der Geschützblende
- Versteifung oder Verstärkung der Deckplatte des Aufbaus
- Notausstieg durch Montageluke in der hinteren Aufbauwand
- Turm mit Winkelspiegeln für den Kommandanten

Der »Ferdinand« 513 (Fg. Nr. 150 036) wird auf seine Instandsetzung vorbereitet. (KHM)

Nach Abnahme von Aufbau und Motorabdeckung sind alle Antriebsbaugruppen erreichbar. (KHM)

- Vorschlag über ein Einsteck-MG im Geschützrohr
- Betätigung der vorderen Geschützauflage (Marschzurrung – d.A.) vom Fahrerraum aus
- Winkelspiegel für den Funker
- Maschinentelegraph zwischen Kommandanten und Fahrer
- Bessere Gummilagerung der Winkelspiegel
- Kühlanlage und Lüfterantrieb verbessern
- Verschraubung der Wassereinfüllstutzen verbessern und den Schraubdeckel mit Kette am Stutzen befestigen
- Befestigung der Heckschutzhaube verbessern
- Muttern für Steckwellen ändern, Betätigung mittels Inbusschlüssel
- Auspuffaustritt ändern, dazu wäre ein starker Kettenabweiser erforderlich

Es folgte eine detaillierte Aufstellung der Schäden an den 50 »Ferdinande«. Nahezu alle Fahrzeuge benötigten eine Reparatur der Kühlanlage sowie die neuen Lichtmaschinen. Bei 22 Panzerjägern »Ferdinand« waren die Maybach-Motoren soweit verschlissen, dass diese dringend erneuert werden mussten. Es waren allerdings nur 24 Otto-Motoren für die Instandsetzung vorhanden. Für eine Generalüberholung aller »Ferdinande« wurden aber noch 54 Otto-Motoren benötigt. Da im Nibelungenwerk aber höchstens 10 Otto-Motoren lagerten und mit deren Zuweisung in kürzester Zeit nicht gerechnet werden konnte, bat man um die Zuweisung von 30 Maybach-Motoren vom Typ HL 120 TRM aus der laufenden Panzer-III- und IV-Fertigung. 26 verschlissene Otto-Motoren waren bereits am 25. September zur beschleunigten Instandsetzung von Dnjepropetrowsk an das Panzer-Ersatzteillager B nach Magdeburg gesandt worden.

Die Reparatur dieser Motoren war deshalb besonders dringend, da die in Dnjepropetrowsk zu überholenden »Ferdinande« bereits 400 km Einsatz hinter sich hatten und die Maybach-Motoren höchstens über eine Laufzeit von 800 km durchhielten. Daher erwartete man, dass in kürzester Zeit ein größerer Bedarf an Otto-Motoren auftrat, da die zulässige Fahrstrecke sehr schnell erreicht war. Deshalb schlug das Regiment vor, dass die Truppe die Motoren selbst überholt. Voraussetzung dafür war, dass die beiden Werkstatt-Kompanien die nötigen Ersatzteile wie Laufbuchsen, Kolben, Gummiringe usw. für die Grundüberholung von 50 Motoren erhielte. Des Weiteren brauchte man Spezialwerkzeuge wie Motorböcke, Zylinderbuchsen-Auszieher usw. für etwa sechs Motor-Überholungsgruppen. Per Flugzeugtransport wurde vom Generalinspektor der Panzertruppen sofort die dringende Zuführung von 20 Satz Kolben und Zylinderbuchsen einschließlich von vier Sätzen Werkzeug gefordert, da nicht ein Ersatzmotor mehr vorhanden war. Auf Grund der fast täglichen Motorschäden fielen diese Wagen nun endgültig aus.

Doch der Plan einer Generalreparatur scheiterte auch an der Frontlage. So musste schnellstens eine Kampfgruppe aus 15 Panzerjägern »Ferdinand« und 25 Sturmpanzern durch eine siebentägige »Schnell-Reparatur« einsatzbereit gemacht werden. Notdürftig wurden neue Ketten der alten Ausführung und neue Otto-Motoren eingebaut. Es wurde 12 Stunden am Tag gearbeitet. Die »Ferdinande« erhielten keinerlei Verbesserungen, aber waren einigermaßen überholt. Das Ergebnis dieser Schnellreparatur zeigte sich schon bei der Verladung, wo bereits drei »Ferdinande« und zwei Sturmpanzer wieder ausfielen. Nachdem die Kampfgruppe fertiggestellt war, wurde an 14 Panzerjägern »Ferdinand« erneut die Arbeit aufgenommen, die nun mit allen Formänderungen eine Generalreparatur erhalten sollten. Da die Fertigstellung mehr als fraglich war, wollte man diese Fahrzeuge mit alten Aggregaten notdürftig beweglich lassen, um diese kurzfristig verladen zu können.

Das Regiment wurde für den zukünftigen Einsatz in den Brückenkopf Saporoshje verlegt. Durch Zurücknahme der gesamten deutschen Front Mitte September 1943 musste auch die begonnene Großreparatur in Dnjepropetrowsk abgebrochen werden und die Werkstatteinheiten samt Material nach Nikopol verlegt werden. Wie vorausgesehen, bereitete der Transport der vorhandenen 42 Panzerjägern »Ferdinand« nach Nikopol durch fehlende SSyms-Transportwagen große Schwierigkeiten. Der Abtransport der »Ferdinande« von Dnjepropetrowsk nach Nikopol wurde zudem durch eine starke Bahnbelegung sehr behindert. Sicherheitshalber planten die Verantwortlichen notfalls eine Verlegung der gesamten Kolonne auf dem Landweg nach Saporoshje, um von dort per Bahn nach Nikopol zu gelangen. Da die Eisenbahn im gesamten Armee-Bereich mehr als überlastet war, sah man als weitere vorsorgliche Maßnahme den Abtransport der wertvollen Ersatzteile mittels des regimentseigenen LKW-Laderaumes Richtung Saporoshje in eigens erkundete Lagerhallen vor. Geplant war, bestenfalls ab etwa dem 1. Oktober, mit den Reparaturen zu beginnen, damit die Fahrzeuge noch vor dem Winter frostsicher gemacht werden konn-

Zur geplanten Großinstandsetzung in Nikopol wurde zuerst der Aufbau samt Geschütz mittels eines 16-t-Strabokranes (Straßenbockkran) abgenommen. Dabei muss dieser an seiner Gewichtsgrenze gearbeitet haben, denn der Aufbau allein wog lt. Alkett schon 13,55 t. Dazu kam das Geschützgewicht mit 3,53 t, was in der Summe 17,08 t ergab. Die Aufnahme hier zeigt schon die Aufbauten mit Regenrinnen an der Stirnseite. (KHM)

ten, denn bisher war noch keine Entscheidung über die Winterverwendung gefallen.

Als problematisch erwies es sich zudem, dass durch Verlegung des Ersatzteillagers die Auslieferung der Ersatz- und Umbauteile an die Einheit ins Stocken geraten war. Die von der Reichsbahn abgefangenen und falsch geleiteten Transportzüge mit den zur Durchführung der Instandsetzung notwendigen Teilen mussten unbedingt nach Nikopol durchgeleitet werden. Es hatte sich auch gezeigt, dass es notwendig war, den Transporten von Wien und Magdeburg unbedingt Begleitkommandos mitzugeben, die sich bei Verzögerungen direkt an die Heeresgruppe Süd zu wenden hatten.

Weitere Sorgen bereiteten die nachgerüsteten Ketten der neuen Bauart, da die Kettenglieder in erhöhtem Maß durch eingegossene Lunker brachen. Zudem zeigte sich im Einsatz, dass der Gegner verstärkt auf die Ketten schoss. Da neue Ketten in der Einheit nicht mehr vorhanden waren, sollten die noch ausstehenden 180 Kettensätze beschleunigt zugeführt werden. Zudem waren für die verbesserten Ketten unbedingt 5000 Eisstollen mitzuliefern, da die für die älteren Ketten verwendeten Eisstollen des Panzerkampfwagens IV nicht passten. Für den Wintereinsatz fehlten neben den Eisstollen noch weitere Geräte wie Heißluftbläser oder Warmwasser-Anhänger. Auch musste mit einem sehr hohen Bedarf an Glysantin gerechnet werden, da durch den Beschuss starke Wasserverluste an den Panzerjägern »Ferdinand« auftraten.

Weiterhin war der Vorrat an Umbauteilen für das Skoda-Vorgelege mit der Übersetzung 1:16,8 erschöpft. Bisher

Die improvisierte Instandsetzung von Maybach HL 120 TRM-Motoren samt selbstgebautem Prüfstand einer Panzer-Instandsetzungseinheit.

Die »Ferdinand« warten auf die geplante Verladung in Nikopol. (KHM)

wurden 30 Fahrzeuge damit ausgerüstet. Skoda behauptete, für 75 Fahrzeuge Umrüstsätze an Magdeburg geliefert zu haben. Es war unbekannt, wo sich diese Umrüstteile befanden, da noch mindestens 25 Sätze für die »Ferdinande« nötig waren. Auch auf Grund des verstärkten Beschusses des Gegners auf das Fahrwerk, da der die Zwecklosigkeit eines frontalen Beschusses erkannt hatte, war der Bedarf an Laufwerksteilen akut.[26] So standen von 15 Panzerjägern »Ferdinand« allein 10 Fahrzeuge wegen Laufwerksschäden in der Reparatur.

Ende November 1943 waren nur noch vier »Ferdinande« einsatzfähig. 8 Fahrzeuge waren in kurzfristiger, 30 Fahrzeuge in langfristiger Instandsetzung. Von den Sturmpanzern waren sogar nur 2 Fahrzeuge einsatzfähig und die restlichen 43 Fahrzeuge in langfristiger Instandhaltung. Diese Fahrzeuglage zwang die Heeresleitung zum Entschluss, das gesamte Panzerjäger-Regiment herauszuziehen und zur Generalinstandsetzung nach St. Valentin in Österreich zurückzuführen.

Am 10. Dezember erfolgte der Befehl an das schwere Panzerjäger-Regiment 656 zur Auffrischung. Noch mitten in der Verladung musste eine Kampfgruppe zurück in den Brückenkopf Nikopol, um den bedrohten Infanterie-Divisionen noch einmal Unterstützung zu geben. Die zersplittert eingesetzten Kampfgruppen des schweren Panzerjäger-Regiments 656 mussten bis zum 25. Dezember in der Front die Lücken in der Panzerabwehr stopfen. Trotzdem erzielten die 8 einsatzbereiten »Ferdinande« und die 10 Sturmpanzer im Brückenkopf große Abschusserfolge beim Gegner.

In Kummersdorf-Schießplatz ging unterdessen die Erprobung des »Ferdinand« 150 011 bei der Verskraft weiter. In einem Schreiben an das Nibelungenwerk vom 7. September 1943 wurden die benötigten Umbauteile für den neuen Rüstungsstand des Kummersdorf-Fahrzeuges aufgelistet:

- In vier Wochen sollten aus Brandenburg die neuen Grätings geliefert werden.
- Das Nibelungenwerk hatte die Luftleitbleche für die Bodenlüfter (*E-Motoren*) herzustellen.
- Kraftstoffbehälter, Halterungen für die Widerstände, Stützschellen für die Entlüfter der Wasserpumpen, die Spritzbleche im Ventildeckel, die Gucklöcher für den Motorraum sowie die Batteriekästen wurden ebenfalls vom Nibelungenwerk angefordert.
- Die Gummipuffer für die Batteriekästen sollten mit Hilfe von Alkett beschafft werden, da der Hersteller dafür in Berlin saß.
- Das Regenleitblech für die Fahrerklappe, die Dichtgummis für die Wannendeckel sowie für Fahrer- und Funkerklappe waren ebenfalls von Alkett zu beschaffen.
- Die Auspuffrohre mit den dazugehörigen Aufhängungs-Federn kamen aus Stuttgart. Damit die Auspuffrohre auch ihre Bewegungsfreiheit bekamen, mussten Langloch-Flansche angefertigt werden. Für das Ausbrennen der Öffnungen in der Wanne hatte Alkett eine entsprechende Schablone zu liefern.
- Verstärkte Lüfterwellen und die dazugehörigen Trag-

[26] BAMA RH 10/58

zapfen sowie ein 9-mm-Panzerschutz für die Kraftstoffbehälter unterhalb der Abluft-Grätings sollten gleichzeitig mit den Grätings vom Nibelungenwerk geliefert werden.

- Alkett hatte ein Stehkragensieb vor dem Motorraum-Zuluft-Gräting beizusteuern.

Weiterhin wurde das Gewicht des Fahrzeugs mit Werkzeug und Zubehör (ohne Besatzung, Funkgeräten und 26 Schuss 8,8-cm-Munition [*wog 545 kg*]) mit 64.370 kg beziffert. Beim Kraftstoff-Verbrauch konnte, auf Grund der verschlissenen Motoren, nur der vorläufige Verbrauch errechnet werden. Dieser betrug auf der Waldrundstrecke zwischen 867,9 Litern und 933,9 Litern auf 100 km. An den Schlagebergen stieg der Verbrauch auf zwischen 1380 Litern bis 1620 Litern auf 100 km. Ein übermäßiger Ölverbrauch von 20,5 Litern bzw. 36,3 Litern veranlasste die Verskraft, die Kompression der Motoren bei einem Stand von 818 km zu messen.

Dabei bestätigte sich die schon festgestellte schlechte Zugänglichkeit der Motoren. So wurden zum Ausbau der 24 Zündkerzen etwa 1,5 h benötigt. Die daraufhin gemessene Verdichtung betrug nur noch zwischen 2 und 6 atü, was auf verschlissene Motoren hinwies. Die Luftfilter, die nach jeweils 100 km gereinigt wurden, zeigten dabei eine etwa 2-cm hohe Schmutz- und Sandschicht, was auf eine starke Verstaubung im Kampfraum zurückzuführen war. Diese starke Verstaubung hatte auch Auswirkungen auf den Druckluft-Kompressor der Bremsanlage, der nach 764 km auf Grund eines übermäßigen Verschleißes keine Luft mehr förderte.

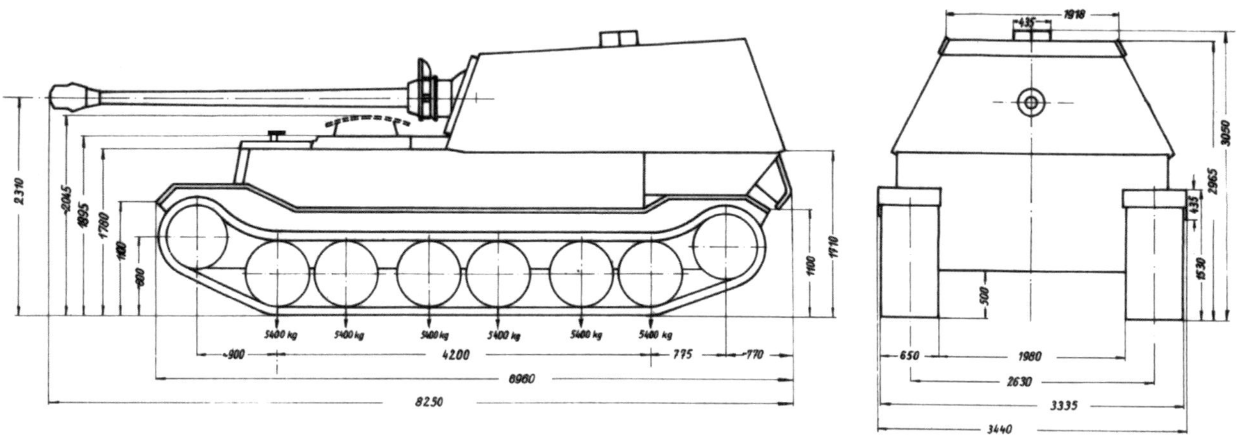

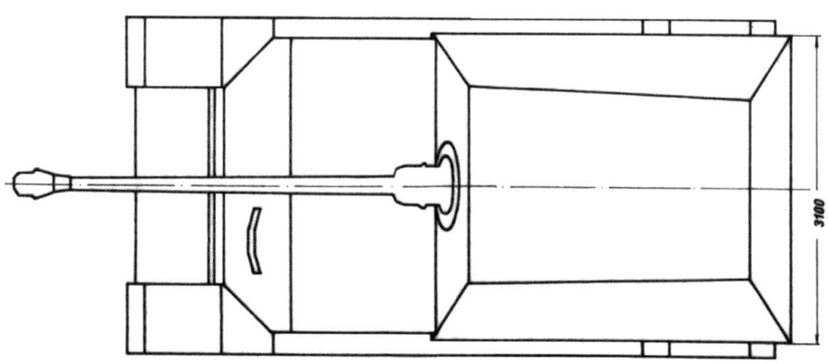

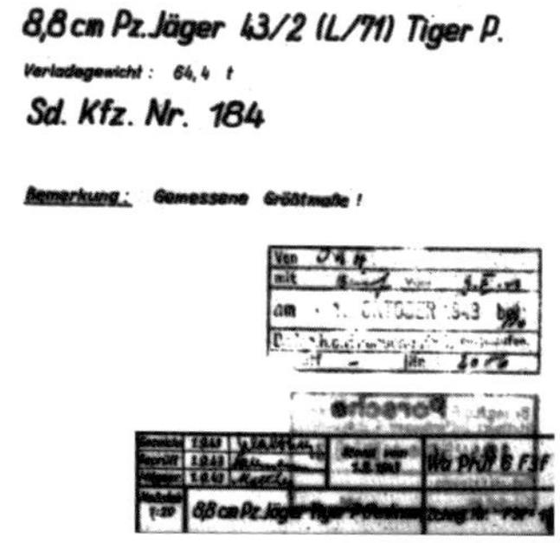

Maßzeichnung der Wa Prüf 6 vom 1. September 1943. (PA)

Der nach knapp 800 km verschlissene Ate-Kompressor und der nach 960 km beschädigte linke Generator.

Die problematische Ölspaltfilter-Betätigung wurde an den rechten Lenkhebel verlagert. Das Problem der unterschiedlichen Lüfterdrehzahlen lag, wie man schon vermutet hatte, an den verschlissenen Lüfterantrieben und den gelängten 1900-mm-Keilriemen. Nach 227 km Fahrleistung fiel die rechte 24-Volt-Lichtmaschine infolge der gerissenen 1075-mm-Keilriemen aus. Nach 720 km war zudem die Sicherung der linken Lichtmaschine defekt. Beim Fahrwerk wurde zwecks eines Versuchs von Siemens-Schuckert eine neue Seitenvorgelege-Übersetzung von 1:21,6 eingebaut.

Erwartungsgemäß ergaben die Tests eine thermische Verbesserung, da eine Steigung von 36 % statt mit 1100 Ampere mit etwa 840 Ampere genommen werden konnte. Allerdings, wollte man bei höheren Fahrgeschwindigkeiten nicht mit hohen Benzin-Motordrehzahlen arbeiten, musste wieder zur Reihen-Parallelschaltung der Generatoren übergegangen werden.

Bei dieser Reihenschaltung traten dann wieder die Schwierigkeiten auf, die sich durch das Auseinanderlaufen der Benzin-Motoren beim Fahren und besonders beim Bremsen ergaben. Aus diesem Grund und in Anbetracht der Tatsache, dass sich die Fahrzeug-Anzahl der »Ferdinande« stark verringert hatte, wollte man sich mit der Übersetzung 1:16,8 begnügen, die auf Grund der Gewichtserhöhung gegenüber des Porsche-Tigers schon eine Verbesserung gegenüber der früheren Übersetzung von 1:15 darstellte.

Des Weiteren baute man eine manganarme Skoda-Versuchskette mit gewölbter Form und eine mit normaler Form ein. Diese stammten vom hydraulischen Porsche-Tiger mit der Fahrgestell-Nummer 150 013. Nach durchschnittlich 700 km mussten die Gummi-Puffer der Doppelschwingarme erneuert werden.

Der weiter steigende Ölverbrauch auf 63 bis 90 Liter pro 100 km und ein Wassereinbruch beim rechten Motor zwangen zum Ausbau beider Motoren bei einer Fahrleistung von 911 km. Bei diesem km-Stand wurde auch das Laufwerk eingehend überprüft. Dabei wurden an den Tragzapfen, welche die Verbindung von der Wanne zu den Doppelschwingarmen des Laufwerkes herstellten, Einrisse festgestellt.

Die gleichen Einrisse traten bei dem 9 t leichteren Porsche-Tiger nach einer Laufzeit von 1395 km auf. Diese Risse schienen die Vorstufe zum völligen Bruch des Zapfens zu sein. Um die Laufzeitwerte zu ermitteln, blieben diese Zapfen weiter am Fahrzeug. In Anbetracht der Wichtigkeit dieser Tragzapfen beim benutzten Porsche-Laufwerk wurde eine Konstruktionsänderung als erforderlich angesehen, zumal der Austausch einiger Tragzapfen besonders schwierig und zeitraubend war. Beim Porsche-Tiger konnten zwei und beim »Ferdinand« drei Tragzapfen von insgesamt sechs erst nach Ausbau der Motoren und Generatoren oder des Fahrschalters abgebaut werden.

Zwei Maßnahmen wurden vorgeschlagen:

- Einbringen einer Entlastungskerbe im Flansch und Vergrößerung der Hohlkehle.
- Änderung der Schmiedebehandlung, damit der Faserverlauf im hochbeanspruchten Übergang vom Zapfen zum Flansch nicht so stark unterbrochen wird.

Die Kontrolle des elektrischen Antriebs zeigte an den Generatoren eine starke Verstaubung im Ankerluftspalt, an den Bürstentaschen und Bürstenträgern. Dadurch entstand ein starker Bürstenabrieb, da die Bürstenfedern nicht mehr genügend Druck aufbauten.

Die verschlissenen Maybach-Motoren wurden am 25. Oktober im Auftrag der Verskraft von der Schüler-Motoren AG zerlegt und überprüft. Der Wassereinbruch war eine Folge des eingerissenen linken Zylinderkopfes bis hinein zum Ventilsitz. Auch am zweiten Motor war der linke Zylinderkopf eingerissen. Nahezu alle nassen Zylinderbüchsen beider Motoren waren von unten nach oben zu konisch und oval ausgelaufen. Auf Grund dieses hohen Zylinderbüchsenwand-Verschleißes war der abnormal hohe Ölverbrauch der Motoren erklärbar.

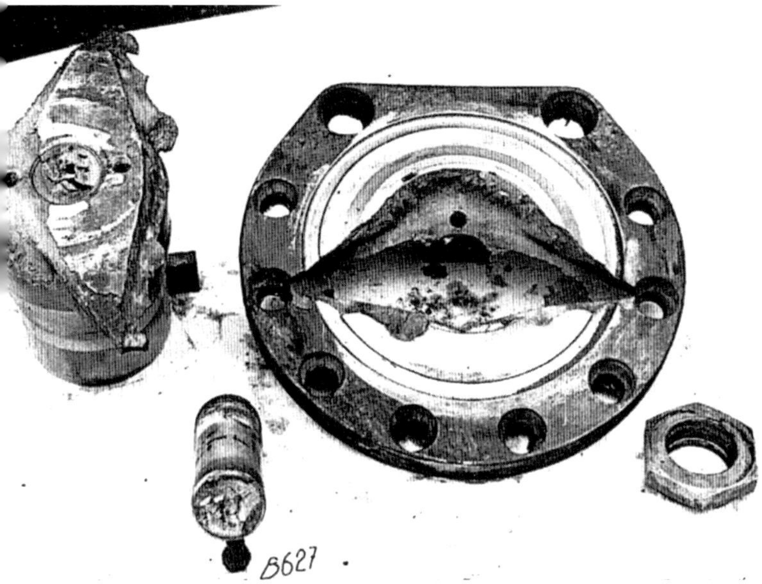

Ein abgebrochener Tragzapfen, wie er am Porsche-Tiger bei 1153 km auftrat. (PA)

Neue Abschleppösen am Ferdinand 150 011 in Kummersdorf. (BA)

Unten: In diesem Fall zieht einer der wenigen Bergetiger ein Schadfahrzeug mittels Schleppseil. Doch auch das Bergefahrzeug musste durch einen zusätzlichen Panzerjäger beim Schleppen durch den Schlamm unterstützt werden. (KHM)

Auch an einer verbesserten Abschlepp-Vorrichtung wurde, wie schon im Februar gefordert, gearbeitet. So liefen Anfang September in Kummersdorf bei der Verskraft Versuche mit einer neuen Abschlepp-Kupplung, bei der die bei der Truppe übliche Abschlepp-Gabel verwendet werden konnte. Dazu wurde am »Ferdinand« und am Porsche-Tiger 150 013 eine neue Anhänge-Kupplung angebaut. Diese zu einem Dreieck gestaltete Abschleppstange ermöglichte dem Schleppfahrzeug ein Lenken und Bremsen des havarierten Fahrzeuges, was mit Abschleppseil und einfacher Abschleppstange nicht möglich war. Damit erhöhte sich die Sicherheit während einer Bergung wesentlich.

Zu der Zeit ein häufiges Bild an den Instandsetzungspunkten. Defekte »Ferdinande«, wie hier, wo links der mittlere Rollenwagen fehlt. (KHM)

Am 12. November 1943 nahm die Verskraft zur Meldung des schweren Panzerjäger-Regimentes 656 vom 8. Juli über den erhöhten Schmiermittelverbrauch Stellung:

- Die Verskraft rechnete für ein erstmaliges Abschmieren je Fahrzeug mit 40 kg Fett, die sich aus je 2 kg Fett pro Laufrollen und Tragzapfenlager sowie 4 kg Fett für Lüfter und übrige Lager zusammensetzte. Für das Nachschmieren nach je 100 km benötigte man 15 kg Schmierfett pro Fahrzeug. Die im damaligen Schreiben erwähnte abnormale Erwärmung und das darauf folgende Herauslaufen von Fett konnte im Fahrbetrieb der Verskraft nicht beobachtet werden. Die zusätzliche Erwärmung an der 5. Laufrolle durch die vorbeistreichenden Auspuffgase wurde durch eine Formänderung des Auspuffstutzens erheblich herabgesetzt.
- Zum Thema Motorölverbrauch bestätigte man, dass die Eigenart der Waffe ein Laufenlassen der Motoren zum Schwenken des Geschützes notwendig machte. Daher sah man es bei der Verskraft für zweckmäßig an, dass der Ölwechsel nicht nach Fahr-Kilometern, sondern nach Betriebsstunden durchgeführt werden sollte. Die Dimensionierung des elektrischen Antriebes bedurfte einer konstanten, hohen Betriebsdrehzahl der Maybach-Motoren, die einen Ölwechsel nach etwa 40 Betriebsstunden notwendig machten. Dies war umso wichtiger, da die nicht ausreichende Luftfilterung einen stärkeren Verschleiß der Otto-Motoren zur Folge hatte.
- Für die Erstbefüllung mit Getriebeöl wurden 12 Liter (*2x4 Liter Seitenvorgelege und 4x1 Liter für den Lüfterantrieb*) benötigt. Während der Fahrerprobung über 900 km bei der Verskraft mussten etwa drei Liter Getriebeöl nachgefüllt werden. Schäden am Seitenvorgelege traten während dieser Erprobung nicht auf.
- Der Kraftstoff-Verbrauch lag auf der Waldrundstrecke bei rd. 900 Litern/100 km und in den Schlagebergen bei 1400 bis 1600 Litern/100 km. Zusammenfassend stellte die Verskraft fest, dass die von der Truppe gemeldeten Verbräuche nach den gemachten Erfahrungen zu hoch lagen.

Da die Erprobung des Panzerjägers »Ferdinand« vom Wa Prüf 6 für beendet erklärt wurde, sollten die Fahrzeuge nach der Wartung und der Ausführung der notwendigen Formveränderungen an die Truppe übergeben werden. Am 5. Dezember 1943 wurden die zwei »Ferdinande« mit den Fahrgestell-Nummern 150 010 und 150 011 von der

Verskraft verladebereit gemeldet. Jedoch befahl das HWA kurzfristig eine vollständige Waffen-, Funk- und Fahrzeugausstattung einschließlich Gleitschutzmittel und Munitionsausstattung für die beiden Fahrzeuge. Damit war die Verskraft erst einmal überfordert. Als Versuchsstelle war ihr das so kurzfristig nicht möglich. Damit die Transportwagen der Eisenbahn nicht unnötig blockiert wurden, entschloss man sich, beide Fahrzeuge wieder abzustellen. Diese Verzögerung sah auch das HWA als nicht so problematisch an, da die schwere Panzerjäger-Abteilung 653 sowieso zur Auffrischung nach Österreich zurückgezogen wurde.[27]

Neben dem schon bekannten »Ferdinand« mit der Fahrgestell-Nummer 150 011 war in dem Schreiben auch ein »Ferdinand« mit der Fahrgestell-Nummer 150 010 genannt worden. Letzteres Fahrzeug war anscheinend von Alkett über etwa 400 km erprobt worden und fand schon einmal am 16. Juni 1943 in Friedrichshafen kurz Erwähnung, wo der Lüfterantrieb an der 150 011 ausgebrochen war und beschlossen wurde, im Notfall die Lüfterantriebswelle aus der 150 010 zu verwenden.

Die Fahrzeugnummer ist deshalb so ungewöhnlich, da in den vorliegenden Dokumenten immer von 90 Panzerjägern »Ferdinand« die Rede war, und zwar beginnend von Fahrgestell-Nummer 150 011 bis zur Fahrgestell-Nummer 150 100. Dabei wurde der Kummersdorfer »Ferdinand« 150 011 immer als der 90. und letzte »Ferdinand« bezeichnet. Der »Ferdinand« 150 010 wäre demnach der 91. Panzerjäger und damit das überwiegend handwerklich hergestellte Vorserienfahrzeug der Firma Alkett. Leider konnte das Problem an Hand der noch vorhandenen Unterlagen nicht restlos aufgeklärt werden.

Den Zustand der beiden abzugebenden Fahrzeuge meldete die Verskraft am 12. Dezember an die zuständige Heeres-Kfz.-Werkstatt Wien:

1. Fahrzeug Fg.Nr. 150 010:

Kilometerstand bei Abgabe etwa 450 km. Das Fahrzeug wurde mit km-Stand 392 ohne Ausrüstung von der Firma Alkett an das Panzer-Zeugamt Magdeburg abgegeben und von dort zum Vergleichsschießen nach Putlos verladen. Anschließend Anlieferung an die Verskraft. Zustand:

- Die Kilometeranzeige war defekt, vermutlich infolge eines defekten Gebers.
- Die Eisenbandagen des Laufwerkes waren stark umgebördelt und dadurch die Gummi-Federwege stark begrenzt, ein Austausch erschien erforderlich.
- Kühlwasserfrostschutzmittel wurde im Verhältnis 50:50 aufgefüllt.

2. Fahrzeug Fg.Nr. 150 011:

Kilometerstand bei Abgabe 960 km.

Zustand:

- Beide Otto-Motoren waren bei 911 km erneuert worden.
- Letzter Ölwechsel war ebenfalls bei 911 km erfolgt.
- Laufwerk wurde bei 911 km generalüberholt.
- Neue Kohlenbürsten wurden für den rechten Generator bei 911 km, für den linken Generator bei 948 km eingebaut.
- Neue manganarme Ketten wurden bei 948 km montiert.
- Ein neuer linker Generator kam bei 960 km zum Austausch.
- Lüfterantrieb, Kompressor usw. wurden überholt und abgeschmiert bei 911 km.
- Die Bordsprechanlage wurde überprüft.
- Ein Gleitschutz neuen Typs für die Ketten befand sich nur auf jedem 8. und 10. Glied.
- Kühlwasserfrostschutzmittel wurde im Verhältnis 50:50 eingefüllt.

Am 28. Dezember erfolgte letztlich die Übergabe beider Fahrzeuge an die Heeres-Kfz-Werkstatt Wien.[28]

Am 16. Dezember begann die Verlegung des schweren Panzerjäger-Regiments 656 ins Nibelungenwerk, wo am 10. Januar 1944 der letzte von 21 Transporten ankam. Die Sturmpanzer IV des Regiments kamen ins Heeresarsenal Wien zur Generalreparatur. Das Nibelungenwerk verweigerte zunächst die Aufnahme der »Ferdinande«, da die laufende Panzer IV-Produktion dadurch zu sehr gestört wurde. Auf Befehl des OKH musste jedoch eine Halle im Werk für die Generalinstandsetzung der »Ferdinande« frei gemacht werden.

So übernahm das Nibelungenwerk die 48 Panzerjäger »Ferdinand« sowie zwei Berge-Ferdinand zur Durchführung der geforderten Kampfwertsteigerung. Am 19. Januar gingen die ersten acht Fahrzeuge in die Reparatur. Zunächst war vorgesehen, dass die Sturmpanzer im Nibe-

[27] BAMA RH8-2865
[28] BAMA RH8-1567

(KHM)

lungenwerk instandgesetzt werden sollten, während die »Ferdinande« zum Heeresarsenal Wien kommen sollten. Da jedoch die Zerlegung der »Ferdinande« im Nibelungenwerk zu weit fortgeschritten war, blieb die Instandsetzung bis auf etwa sechs ausgebrannte Fahrzeuge in St. Valentin.

Diese sechs stark beschädigten »Ferdinande« wurden an die Heeres-Kfz-Werkstatt Wien übersandt. Die Formänderungen betrafen die schon weiter oben, für die geplante Instandsetzung in Dnjepropetrowsk, genannten Maßnahmen. Statt dem vorgeschlagenen Einsteck-MG für die 8,8-cm-Pak kam jedoch ein Bug-MG beim Funker zum Einbau. Alle Fahrzeuge bekamen zudem einen Zimmeritbelag gegen Hohlladungen sowie einen sandgelben Grundanstrich aufgetragen. Für die Ketten waren Eisstollen vom Panzerkampfwagen IV vorgesehen. Da diese laut Truppe nicht passten, schlug Hauptmann Hoffmann von der Verskraft vor, in Anbetracht der hohen Kettenbeanspruchung beim »Ferdinand« eine Neukonstruktion nach den Erfahrungen mit dem »Tiger« H in Angriff zu nehmen. Doch die Instandsetzung verzögerte sich durch die noch fehlenden Ersatzteile aus Schutno und die notwendigen Austausch-Motoren. Deshalb rechnete man mit der Fertigstellung von höchstens 43 »Ferdinande« bis Mitte März. Doch auch dieser Termin wurde Makulatur, da am 1. Februar die sofortige Fertigmachung einer Ferdinand-Kompanie befohlen wurde. Am 22. Januar 1944 waren die Amerikaner in Italien bei Anzio und Nettuno gelandet. Die Fertigstellung der ersten 8 »Ferdinande« war am 9. Februar 1944 nahezu beendet. Weitere 3 Fahrzeuge mussten

Der »Ferdinand« 511 (ehemals schwere Panzerjäger-Abteilung 654) auf dem Bahntransport. (KHM)

Xaver Reimspieß gab wieder mit Hilfe seiner bekannten Karikaturen seine Meinung kund, da über all diese »neuen« Vorschläge, wie eine MG-Kugelblende, verbesserte Motor-Grätings, sowie eine Kommandantenkuppel und neue Ketten, in der Vergangenheit schon länger diskutiert wurde. (PA)

Die nach und nach ankommenden »Ferdinande« wurden erst einmal neben der Halle VIII abgestellt. Die Fahrzeuge warten auf dem Werksgelände auf ihre Überholung. (History Facts)

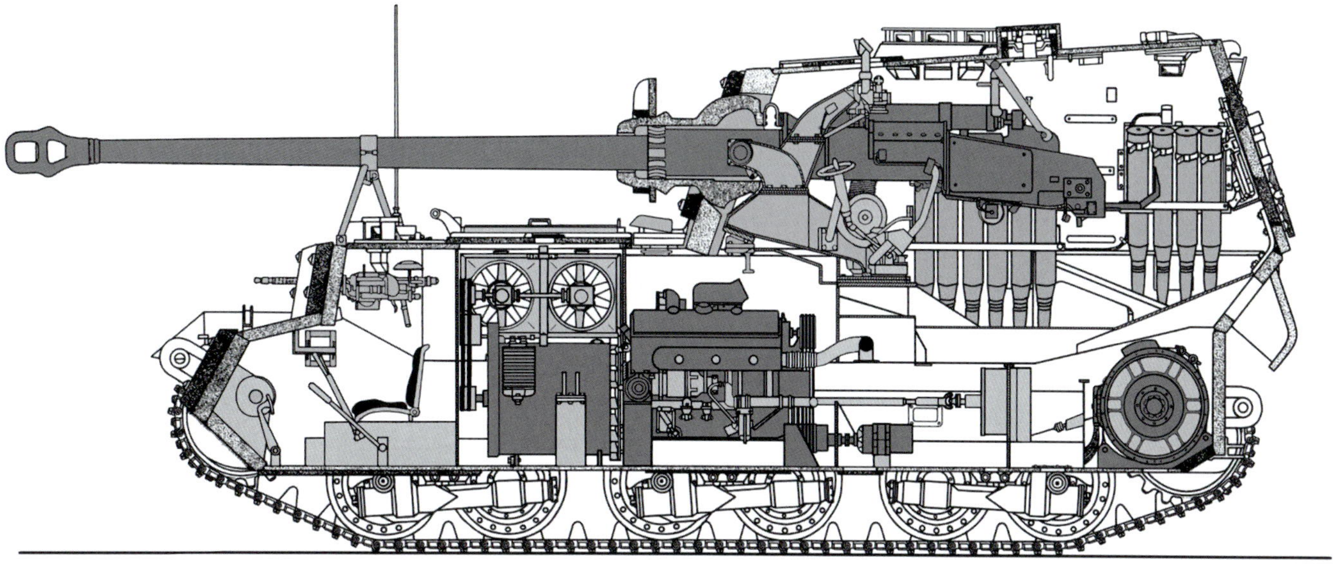

Letztendlich sah der überarbeitete Panzerjäger Tiger P im Querschnitt dann so aus. (PA)

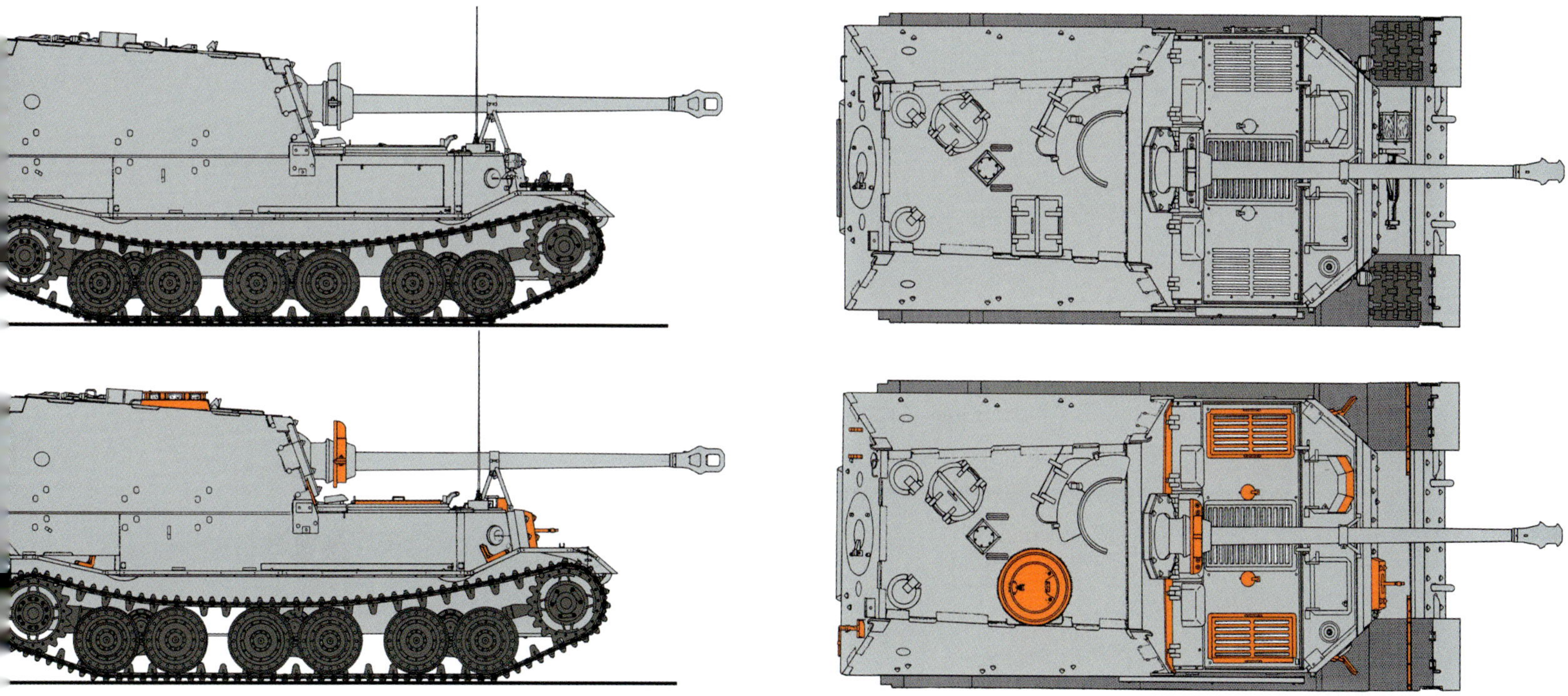

Der Vergleich der äußerlichen Formänderungen des Nibelungenwerkes.

beschleunigt fertig gestellt werden. Dadurch litt die Qualität der Generalreparatur erheblich.
Am 15. Februar rückte die 1. Ferdinand-Kompanie mit 11 Panzerjägern »Ferdinand« zusammen mit einer Sturmpanzer-Kompanie Richtung Italien ab. Zusätzlich kamen noch ein kompletter Werkstattzug mit Portalkran, ein Sd.Kfz. 9/1 (*Kranwagen Kfz. 100*) sowie ein Berge-Ferdinand dazu. Als die Kampfgruppe am 28. Februar 1944 mit dem Gegenangriff begann, stellte man fest, dass das Gelände um Cisterna für die schweren Panzerjäger völlig ungeeignet war.

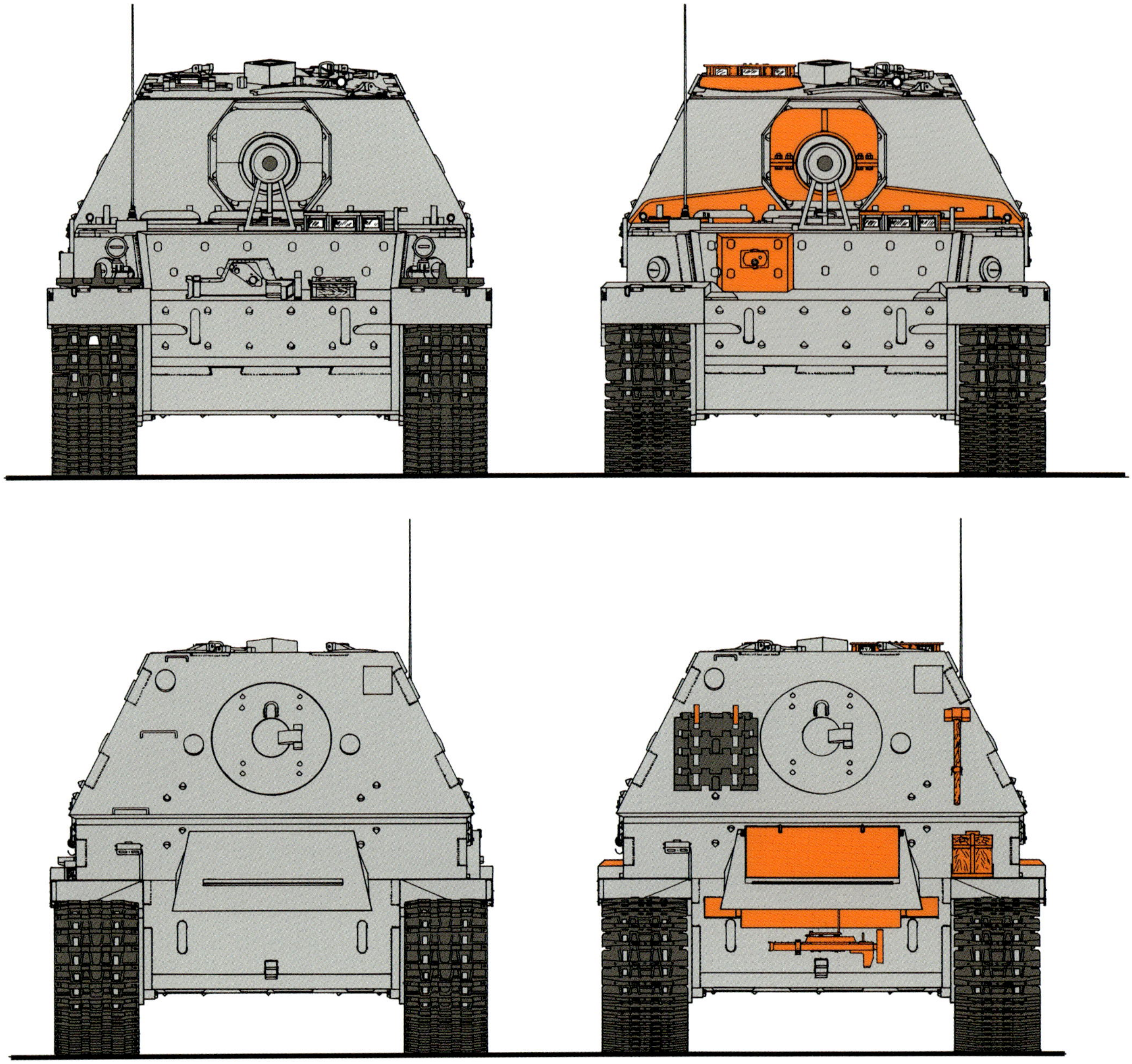

Die Kommandantenkuppel stammte vom Sturmgeschütz III. In der Bugplatte wurde für das Funker-MG eine Kugelblende eingelassen, die von einer zusätzlichen Panzerplatte geschützt wurde. (KHM)

Ab dem 19. Januar 1944 begann die Generalreparatur der Panzerjäger. Für die 80-t-Kräne der Halle VIII war der Transport der zu überholenden »Ferdinande« kein Problem. (PA)

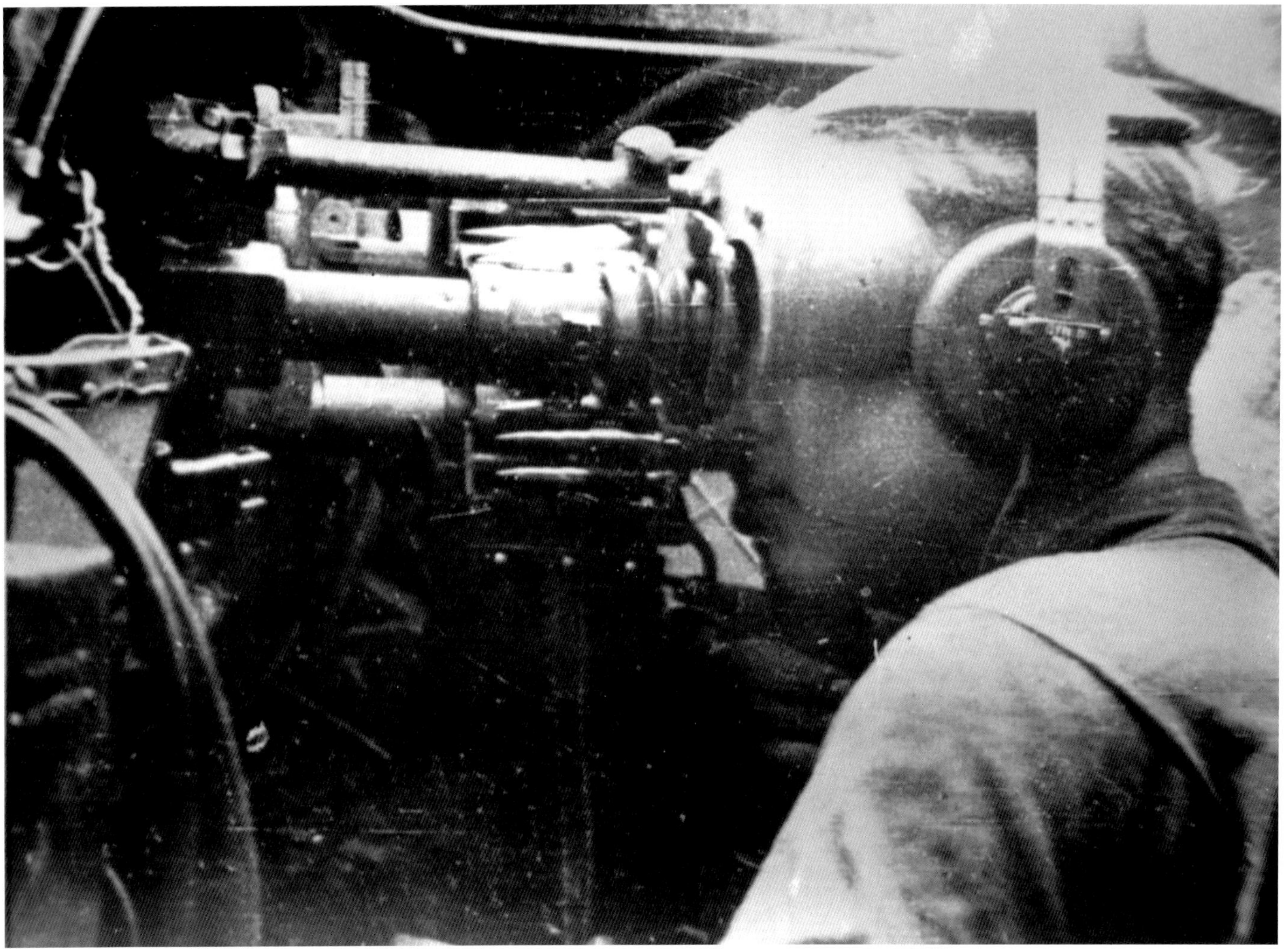

Der Funker im verbesserten »Ferdinand« besaß die Aufgabe, neben dem Funkgerät das Bord-MG zu bedienen. (KHM)

Die Fahrzeuge konnten sich nur auf den engen, festausgebauten Straßen bewegen, da das Gelände daneben stark versumpft war. Die ersten beiden »Ferdinande« gingen durch Festfahren und durch Minenschäden verloren und konnten infolge des starken Beschusses durch die Amerikaner nicht geborgen werden. Auf Befehl des Führerhauptquartiers vom 1. Mai 1944 musste die Bezeichnung »Ferdinand« für den Panzerjäger Porsche (Sd.Kfz. 184) in allen Akten gestrichen und durch **»Elefant«** ersetzt werden.[29] Der Grund dafür ist nicht bekannt, jedoch hatte Hitler am 27. Februar 1944 schon den 8,8-cm-Panzerjäger »Hornisse« in »Nashorn« umbennen lassen.
Nach verlustreichen Kämpfen und dem langwierigen Rückzug in für den schweren Panzerjäger ungeeignetem Gelände wurde der Rest der Kompanie, die nur noch aus drei Panzerjägern »Elefant« und einem Berge-Elefant bestand, am 2. August in Piadena verladen. Am 6. August 1944 traf der Transport in Wien ein.
Im Nibelungenwerk verzögerte sich indessen die Generalinstandsetzung der restlichen Fahrzeuge durch die zuvor befohlene bevorzugte Ausstattung der 1. Kompanie erheblich. So befanden sich noch 32 »Ferdinande« zur Instandsetzung im Nibelungenwerk. Die nächsten 8 »Ferdinande« wurden erst am 26. Februar fertig gestellt und der 2. Kompanie zur Ausbildung übergeben. Zum Zeitpunkt des 1. März befanden sich noch 21 »Ferdinande« und die 2 Berge-Ferdinande in Reparatur.
Desweiteren bat die Abteilung um die Zuweisung der bei-

[29] K-H. Münch: Einsatzgeschichte der schweren Panzerjäger-Abteilung 653, S. 106

Ein »Elefant« im März 1944 auf der Straße nach Cisterna. (KHM)

Auch in Italien bedeuteten Minenschäden auf Grund des ständigen Rückzuges oft das Aus des Panzerjägers. (BA)

In der Reparaturwerkstatt in Rom. Die Neuerungen wie Bug-MG und Kommandanten-Kuppel und auch Zimmerit-Beschichtung sind zu erkennen. (KHM)

Die umgebauten »Ferdinande« stehen im Nibelungenwerk wieder zur Ausbildung zur Verfügung (KHM).

den in Kummersdorf zur Erprobung eingesetzten »Ferdinande« sowie des hydraulischen Porsche-Tigers als Bergefahrzeug. Anscheinend war die Abteilung noch nicht darüber informiert, dass beide Fahrzeuge schon dem Heereszeugamt übergeben worden waren. Der in Kummersdorf stationierte Porsche-Tiger besaß als einzigstes Porsche-Fahrzeug anstelle des elektrischen Antriebs ein hydraulisches Wandlergetriebe der Firma Voith.
Da Wa Prüf 6 kein rechtes Interesse am hydraulischen Antrieb besaß, wurde dieser Porsche-Tiger auch nur halbherzig erprobt. Zudem besaß er statt eines Panzerturmes mit der 8,8-cm-KwK L/56 nur ein Turmersatzgewicht. In der Verskraft lagerte zudem noch ein einzelner Porsche-Tiger-Turm für ein Befehlsfahrzeug (*Nr. 150 014*). Diesen Turm setzte man auf das angeforderte hydraulische Fahrgestell mit der Nummer 150 013 und montierte analog des Panzerjägers »Elefant« auf die Bugpanzerung die beiden Zusatzpanzerplatten und Winkelspiegel für den Fahrer. Ende Mai 1944 übergab man der schweren Panzerjäger-Abteilung 653 das neue Befehlsfahrzeug.
Die Generalinstandsetzung der noch als »Ferdinand« bezeichneten Fahrzeuge war am 31. März 1944 soweit abgeschlossen, dass die 2. und 3. Kompanie annähernd ihre kriegsstärkemäßige Ausstattung an Panzerjägern erreicht hatten, und so begann die Verladung nach Russland am 2. April mit 30 »Ferdinande« und zwei Berge-Ferdinande. Die Einheit nahm bis zum 18. April an dem erfolglosen Entsatzversuch von Tarnopol teil, wobei es noch möglich war, Fahrzeugverluste durch die restlichen, noch fehlenden Reparaturfahrzeuge auszugleichen. Darunter waren vier, nach dem 1. Mai als »Elefant« bezeichnete Panzerjäger, bei denen man die Hecktür mit Scharnieren versehen hatte, damit ein leichteres Aus- und Einbauen des Geschützes möglich war.
Zudem konnte die wiederverschließbare Luke als Ein- und Ausstieg genutzt werden. Mit Stand zum 1. Juli besaßen die zwei Kompanien 34 »Elefanten« im Bestand. Laut »Überblick über den Rüstungsstand beim Heer« waren laut letzter Meldung im Juli 1944 noch 41 Fahrzeuge vorhanden.
Die darauffolgende Gegenoffensive der Roten Armee zwang die Wehrmachtseinheiten zu hinhaltenden Rückzugskämpfen. Da dadurch in der Regel die Bergung defekter Fahrzeuge nicht mehr möglich war, stiegen die Verluste. Auch der auftretende Kraftstoffmangel und das Fehlen geeigneter Brücken für die »Elefanten« zwangen die Besatzungen, ihre Fahrzeuge zurückzulassen und zu sprengen.

Der »Elefant« mit der taktischen Nummer 124 nach seiner Selbstzerstörung in Soriano. Das Fahrzeug wurde augenscheinlich als Ersatzteilspender genutzt, da diverse Ersatzteile fehlen. Auf der Bugplatte ein ausgebauter Drehstab-Rollenwagen der rechten Seite. (KHM)

Bis Ende Juli 1944 verlor die schwere Panzerjäger-Abteilung auf diese Weise 19 Panzerjäger »Elefant« sowie beide Berge-Fahrzeuge. Auch der einzelne Porsche-Tiger ging in diesem Zeitraum verloren. Auf Grund der hohen Verluste wurde die Abteilung zur Neuausstattung mit dem Panzerjäger »Jagdtiger« zurück nach Österreich verlegt. Die noch verbliebenen 12 Panzerjäger »Elefant« wurden in einer Kompanie zusammengefasst und verblieben im Osten.
Nach einer Auffrischung mit zwei weiteren Panzerjägern »Elefant« aus dem Nibelungenwerk verblieb die 2. Kom-

Der hydraulische Porsche-Tiger kam als Einzigster seiner Art zum Einsatz. (KHM)

Die Aufnahme zeigt ein Befehlsfahrzeug der schweren Panzerjäger-Abteilung 653. Diese war äußerlich nur an der Stab- bzw. Sternantenne hinten oben rechts erkennbar. Die meiste Ausrüstung kam nach dem Umbau im Nibelungenwerk an das Heck, da alle Gegenstände im Frontbereich bei dem intensiven Beschuss, dem der exponierte »Ferdinand« bzw. »Elefant« in der Regel ausgesetzt war, verloren gingen. (KHM)

Über die kleine Heckluke erfolgt das Aufmunitionieren des »Elefant« 332. (KHM)

Ein »Elefant« der 3. Kompanie ist bis zum Wannenboden in der Wiese eingesunken. (KHM)

Der Bahntransport war die günstigste Transportart der schweren Panzerjäger. Die verwendeten SSyms-Transportwagen hatten immer die schmaleren Verladeketten der »Tiger« I bzw. der »Tiger« II an Bord. (KHM)

Die Aufnahme vom Juli 1944 zeigt einen fertiggestellten »Elefant« in St. Pölten, der im Heerzeugamt Wien instandgesetzt wurde. Er war eines der vier Fahrzeuge, das eine wiederverschließbare Heckluke erhielt. (KHM)

Hier ist nach abgenommener Bremstrommel der aufgenietete Bremsbelag der Druckluftbremse gut zu erkennen. (KHM)

panie der schweren Panzerjäger-Abteilung 653 im Großraum Krakau. Die auch als Elefanten-Kompanie bezeichnete Einheit wurde am 15. Dezember 1944 in schwere Heeres-Panzerjäger-Kompanie 614 umbenannt. Bei den weiteren Rückzugsgefechten mit ihren 14 Panzerjägern wurde die Einheit weiter dezimiert.
Teilweise war kein »Elefant« mehr einsatzbereit. Ende Januar 1945 standen der Kompanie nur noch vier Panzerjäger »Elefant« zur Verfügung. Der Rückzug führte über Frankfurt/Oder bis in den südlichen Großraum Berlin. Anfang Februar 1945 erfolgte eine letzte Auffrischung im Raum Stahnsdorf. Dort sollte die Kompanie mit 10 Panzerjägern »Elefant« bzw. »Jagdtiger« (*Porsche-Laufwerk*) ausgerüstet werden, wozu es bei letzterem nicht mehr kam. Am 25. Februar besaß die Einheit noch vier stark reparaturbedürftige Panzerjäger »Elefant«. Laut Schreiben vom 3. März 1945 waren zwar Ersatzteile aus Linz in Zuführung, aber auf Grund der Lage war dies eine Illusion. Im Raum Wünsdorf bei Zossen bezog die Kompanie am 21. April ihre letzte Verteidigungslinie.
Ein »Elefant« blieb defekt auf einer Kopframpe am Bahnhof Mittenwalde zurück. Ein zweiter »Elefant« wurde in Klein Köris am Abzweig nach Löpten in Feuerstellung aufgegeben. Die beiden anderen Panzerjäger gelangten noch auf Grund der Rückzugswirren in den Innenstadtbereich von Berlin und wurden am 1. Mai nach Kämpfen am Karl-August-Platz in der Nähe der Trinitatiskirche vom Gegner erbeutet.[30]
Die Fahrzeuge hatten ihre Aufgabe damit erfüllt. Trotz mangelhafter Ersatzteilversorgung »zehrten« sich die Panzerjäger bis Kriegsende nicht komplett selber auf. Im März 1945 existierten immerhin noch vier, nun offiziell als »Elefant« bezeichnete Panzerjäger. Für diese kleine Serie von 90 bzw. 91 Fahrzeugen war dies beachtlich. Natürlich besaßen die schweren Fahrzeuge auch einen großen Nachteil, ein schlechtes Masse-Leistungsverhältnis. Das

[30] K-H. Münch: Einsatzgeschichte der schweren Panzerjäger-Abteilung 653, S. 141.

große Gewicht von 65 t und der damit verbundene hohe Bodendruck machten dem überlasteten Fahrgestell, dass eigentlich für ein 45-t-Fahrzeug gebaut worden war, zu schaffen. Die schwachen Maybach-Motoren arbeiteten ständig im hohen Drehzahlbereich und der schlechtere Wirkungsgrad ließ den Kraftstoff-Verbrauch über die Maßen steigen. Die Verbrennungsmotoren verschlissen dadurch sehr schnell.
Saur äußerte sich nach dem Krieg bei einem Verhör positiv zum Panzerjäger »Ferdinand«: »Porsche schlug als revolutionäre Neuerung den elektrischen Antrieb vor. Er kam leider zugunsten des Henschel-Fahrzeuges nicht zur Serienfertigung, da sein Anlauf insbesondere durch Motorschwierigkeiten nicht rechtzeitig gewährleistet werden konnte. Seine 90 Versuchsstücke wurden aber später umgebaut zu Sturmgeschützen (»Ferdinand« – d.A.) mit 200-mm-Frontplatte und 8,8 L/71 mit 167-mm-Panzerdurchschlag. Diese Wagen haben die schweren Feldzüge in Russland in einem Maße überstanden, so dass wir nach Ablauf eines vollen Jahres noch 57 Fahrzeuge dieser Art an der Front hatten.«[31]

87

Eines der letzten Aufnahmen eines aufgegebenen »Elefanten«, vermutlich der in Klein Köris. (WS)

[31] IfZ, Nachlass Saur ED 442 Box 1, Band 2, Verhör vom 8. August 1945.

Der Bergepanzer Tiger (P)

In der Literatur ist die Rede von drei bzw. fünf gefertigten Bergetigern. Die Zahl ist leider nicht genau belegbar. Ausgehend von den gefertigten 100 Fahrgestellen für den Porsche-Tiger wurden 90 Fahrgestelle zum Panzerjäger umgebaut. Zudem benutzte die Firma Alkett das 91. Fahrgestell (150 010) als Vorserienmodell. Zwei Fahrgestelle 92 und 93 wurden zwecks Beschussversuchen verbraucht. Das 94. Fahrgestell war das hydraulische Fahrzeug. Ein Fahrgestell (95.) fehlte in der Aufstellung (*Ramm-Haube? – d.A.*). Die restlichen fünf Fahrgestelle waren vermutlich die geplanten Abschlepp-Fahrzeuge.

Da die geplanten Berge-Panther nicht in ausreichender Stückzahl vorhanden waren, wurden im August 1943 vom Nibelungenwerk zunächst drei Fahrzeuge, entsprechend dem Panzerjäger »Ferdinand«, mit zwei Mittelmotoren vom Typ Maybach HL 120 TRM ausgerüstet und auf Wasserkühlung umgestellt. Laut Kriegsgliederung vom 9. März 1944 gehörte zu jeder Kompanie ein Berge-Ferdinand zum Gefechtstross. Die Fahrzeuge erhielten statt des Kasematt-Aufbaus eine kleinere Haube, die allerdings im Gegensatz zum Panzerjäger »Ferdinand« mit einem MG 34 in einer Kugelblende ausgerüstet wurde.

Ein »Ferdinand« ist in eine 24-t-Brücke eingebrochen. Auf Grund des Mangels an Bergefahrzeugen wurden auch andere Panzerjäger zum Schleppen verwendet. Dies ging auf Grund der Überbeanspruchung oft zu Lasten der technischen Einsatzbereitschaft der ziehenden Fahrzeuge. (KHM)

Offiziell waren die »Famo«-Zugmaschinen für den Bergezug der Werkstattkompanie vorgesehen. Wie das Bild eindrucksvoll bestätigt, wurden je nach Geländezustand bis zu fünf Zugmaschinen in abenteuerlicher Weise zur Bergung eines »Ferdinand« benötigt. (KHM)

Am Heck der Haube befand sich eine Einstiegsklappe vom Panzerkampfwagen IV. An den Seitenwänden wurden niedrige Wände angeschweißt, um auf dem Deck diverse Bergetechnik lagern zu können. Ein 2-t-Hilfskran, eine Schlepp-Gabel und die Bergebalken vervollständigten die Ausrüstung. Ein Spill fehlte allerdings. Die Zusatzpanzerung an der Front, so wie es der Panzerjäger »Ferdinand« besaß, entfiel. Dies kam dem Fahrzeuggewicht zugute und betrug etwa 50 t.
Belegt ist, dass von den Berge-Ferdinanden laut Stärkemeldung im September 1943 ein Fahrzeug pro Kompanie an die schwere Panzerjäger-Abteilung 653 geliefert wurde. Von den drei Berge-Ferdinands kamen zwei der Fahrzeuge Ende des Jahres 1943 zurück ins Nibelungenwerk und wurden bis zum 31. März 1944 saniert. Ein weiteres Porsche-Fahrgestell mit der Nummer 150 005 wurde zuvor ebenfalls zum Bergefahrzeug umgebaut und war Anfang des Jahres 1944 mit der 1. Kompanie nach Italien gegangen. Ab 1. Mai lautete die offizielle Bezeichnung analog des Panzerjägers »Berge-Elefant«.
Die zwei im Nibelungenwerk modernisierten Fahrzeuge schickte man ab April 1944 mit der 2. und 3. Kompanie wieder nach Russland. Der Berge-Elefant aus Italien kam erst im August 1944 leicht beschädigt wieder ins Nibelungenwerk zurück. Im Juli 1944 gingen beide Berge-Elefanten zusammen mit dem schon erwähnten letzten Porsche-Tiger im Osten verloren. Der Verbleib des Berge-Elefant aus Italien sowie des eventuell fünften Bergefahrzeuges konnte nicht nachvollzogen werden. Vermutlich kamen diese anlässlich der Auffrischung der Einheit zur Truppe.

Eines der ersten drei Fahrzeuge noch mit alten Ketten. Auf dem Deck liegen Berge-Balken. Die Aufnahme entstand im Nibelungenwerk. (PA)

Der Schlepp mit mehreren Zugmaschinen erforderte ein Höchstmaß an Koordination und Gleichmaß im Anfahren und Bremsen der Bergefahrzeuge. (KHM)

Der Berge-Panther, wie hier bei Kursk, war nur in unzureichenden Stückzahlen bei der Panzertruppe vorhanden. (KHM)

Die seitliche Ansicht des Berge-Ferdinand im Werksgelände. Zwischen den Seitenwänden des Aufbaus ist die nach oben versetzte Auspufföffnung erkennbar. Davor der Befestigungspilz des Hilfskranes. (PA)

Ein Berge-Ferdinand nach den Formänderungen im März 1944 in St. Pölten. (KHM)

Die späteren Berge-Ferdinande waren am Zimmerit-Belag erkennbar. In der Garage dahinter ist ein zweiter Berge-Ferdinand zu erkennen. Das Fahrzeug trägt zudem hinten auf dem Aufbau ein zusätzliches MG hinter einer, vom Sturmgeschütz übernommenen, drehbaren Blende. Vermutlich war der Schwenkbereich der eingebauten Kugelblende den Bergekräften zur Selbstverteidigung nicht ausreichend genug. (KHM)

Die Öffnung des Bug-MGs des Porsche-Tigers ist verschlossen. Der Zimmerit-Belag fehlt. Das Fahrzeug trägt noch die Ketten der alten Ausführung. Der Fahrer behielt den Fahrersichtblock vom Porsche-Tiger. (PA)

Der Berge-Elefant im Einsatz in Russland. Er besaß schon die neue, gewölbte Kette. (KHM)

Vorführung eines Berge-Elefant vor Angehörigen der 100. Jäger-Division. (KHM)

Mit dem Berge-Elefant wird im Mai/Juni 1944 ein Hang überwunden. Das mit 50 t leichtere Bergefahrzeug wurde bevorzugt zur Fahrerausbildung genutzt. (KHM)

Das Foto gibt einen guten Einblick von oben auf das Bergefahrzeug. (KHM)

Die Aufnahme zeigt den Berge-Elefant mit der Fahrgestell-Nummer 150 005 1944 in Italien. Gut zu erkennen sind die neuen, gewölbten Skoda-Ketten, die stets verkehrt herum aufgelegt waren. Die Kettenabdeckungen haben stark gelitten. Im Schlepp befindet sich ein defekter »Elefant«. (KHM)

Im Museum

Zwei Panzerjäger, ein »Ferdinand« und ein »Elefant«, haben den Krieg überdauert und sollen hier im Detail vorgestellt werden.

Der »Ferdinand« 501

Dieses Fahrzeug der schweren Panzerjäger-Abteilung 654 überstand den Krieg. Der »Ferdinand« mit der taktischen Nummer 501 und der Fahrgestell-Nummer 150 072 stand zum Zeitpunkt der Aufnahmen im russischen Panzermuseum Kubinka. Es war in der Schlacht um Kursk auf eine Mine gefahren und hatte dabei eine Kette verloren. Die Besatzung zündete augenscheinlich noch eine Sprengladung im Kampfraum, bevor sie das bewegungsunfähige Fahrzeug verließ. Das Fahrzeug war ein Befehlsfahrzeug mit zusätzlichem Funkgeräte-Satz. Der Panzerjäger wurde von der Roten Armee später wieder in einen fahrbereiten Zustand versetzt und in Kubinka erprobt.

Die Besatzung des »Ferdinand« 501 vor der Kursker Schlacht. (KHM)

Das Fahrzeug nach der Erbeutung durch die Rote Armee …

… und während der Erprobung im Testgelände von Kubinka.

Die Aufnahmen zeigen den »Ferdinand« 501 im Panzermuseum Kubinka 2007.

Auf der Rück- und Seitenwand ist gut die Verzahnung der Panzerplatten erkennbar. Auf der Kettenabdeckung die Hülse für das Rohrreinigungsgerät.

Gut zu erkennen der Abluftkanal, der für eine große Staubentwicklung sorgte.

Der linke äußere Wannenaufbauwinkel.

Leitrad (oben) und Antriebsrad. Letzteres hatte einen Treffer bekommen.

Auf dem Dach die abgeworfene Heckluke.

Der Fahrerarbeitsplatz ohne das Sitzgestell. Das Armaturenbrett in der Niesche fehlt.

Blick nach innen auf den Fahrerplatz. Der linke Sichtblock ist verschweißt, da sich in der Nische das Armaturenbrett befand. Oben die Ausgleichsfeder der Fahrerluke. Darunter das Brandschott mit Blick auf die Keilriemenspannvorrichtung der 1900 mm langen Lüfterriemen.

In der Fahrerluke ist von den drei Winkelspiegeln noch einer vorhanden.

Von der Fahrersehklappe sind die verschlossenen Ausblickbohrungen für das Fahrerfernrohr des Porsche-Tigers erkennbar. Die Querstreben sind die Verschraubungen der Zusatzpanzerung.

Hinter dem Fahrerplatz ist der linke Generator mit den Lüfterkeilriemen erkennbar. Oben die Spannvorrichtung der Keilriemen. Unten befand sich der Fahrschalter und darauf der Fahrersitz. Daneben der Kraftstoffanschluss mit Absperrhahn des linken Tankes.

Der rechte Generator mit seinem vierteiligen Keilriementrieb.

Der Kettenspanner auf der Fahrerseite und das Bremspedal.

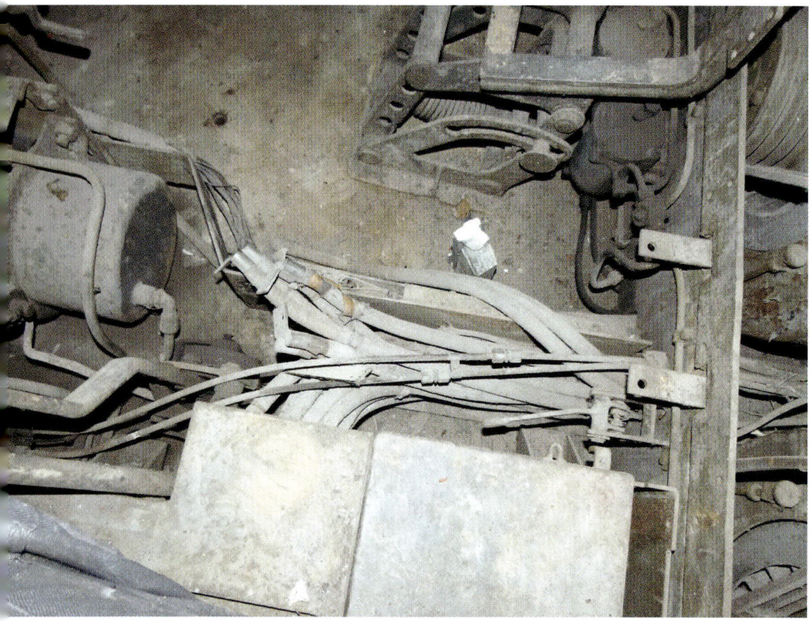

Blick zwischen Fahrer- und Funkerplatz auf die Luft- und Elektroleitungen. Darauf befand sich der hier fehlende Schaltkasten.

Vorn der Druckluftkessel für die Bremsanlage, der Bremszylinder sowie rechter Lenkhebel, der Handbremshebel und die beiden Pedale.

Die beiden Hilfsfedern für die Fahrer- und Funkerluke.

Der Funkersitz, dahinter die beiden Kraftstofffilter.

Der Funkerarbeitsplatz. An der Wand die Gewindeplatten für Geräterahmen des Fu 5.

Unter dem Sitz war ein Batteriesatz untergebracht. Der zweite Satz befand sich rechts neben diesem Sitz unter den Funkgeräten.

Der rechte Sehschlitz und der Haltegriff des Funkers.

Die Kraftstoffanschlüsse mit Absperrhahn vom rechten Tank. Daneben die Anlasshilfe für Startkraftstoff und der dazugehörigen Handpumpe. An der Seitenwand vorn und hinten die Haltebleche für Funkgeräte-Rahmen des Fu 5. Oben im Bild die Öffnung für die Antennendurchführung.

Der Kampfraum von der Richtschützenluke nach hinten. Auf dem Boden liegt das Sfl.-Zielfernrohr. Die Abdeckung für Abluft der E-Motoren fehlt.

Die rechte hintere Ecke im Kampfraum, wo sich das 2. Funkgerät befand.

Der Deckel ist nur ein Blechersatz, das Original wurde in Kursk beim Notausstieg der Besatzung abgeworfen und liegt auf dem Dach des Aufbaus.

Blick auf das Bodenstück mit Vorholer (links) und Rücklaufbremse (rechts).

Der Kampfraum vorn. Links saß der Richtschütze, rechts der Kommandant.

Der Richtschützenplatz mit Seiten- und Höhenrichträdern. Unten im Bild, unter der Quertraverse der linke Maybach-Motor HL 120.

Der Kasten für Kopfhörer und Kehlkopfmikrofon des Richtschützen. Rechts im Bild der Rest der vier Luftfilter des linken Motors.

Die nierenförmige Öffnung ohne Deckel für das Sfl.-Winkelzielfernrohr des Richtschützen.

Da Rohrvorholer und Rückstoßdämpfer ausgefahren sind, liegt die Vermutung der Selbstzerstörung nahe, was auch die abgerissene Heckluke bestätigt.

Auf der rechten Seite der Platz des Kommandanten mit dem Behälter für den »Fernhörer« genannten Kopfhörer und das Kehlkopfmikrofon, dem dazu benötigten Anschlusskasten (Pz. Kst. Nr. 21), die Behälter für die Atemschläuche und darunter die Halterung der Luftfilter für den rechten Maybach-Motor.

Im Dach die Ladeschützenöffnung (auch ohne Deckel) mit Ausschnitt für den Lüfter, der hier fehlt. Links und rechts davon die Reste der Halterung für den ebenfalls fehlenden Zurrhaken des Geschützes. Es ist gut der beengte Zugang zum Maybach-Motor vom Kampfraum aus zu erkennen.

In der Mitte des Bildes der Pfropfen für die MP-Öffnung, links daneben die Halterung für das zusätzliche Funkgerät des Befehlsfahrzeuges. Ansonsten befand sich in der Ecke eine Munitionshalterung für die Granatpatronen.

Eine Winkelspiegelöffnung ohne Winkelspiegel im Dach hinten links.

Der »Ferdinand« 501 steht heute im Patriot-Park bei Moskau.

Der »Elefant« 102

Die Amerikaner erbeuteten in Italien diesen »Elefant« 102 der schweren Panzerjäger-Abteilung 653 im Mai 1944. Zuvor war er in Kursk bei der schweren Panzerjäger-Abteilung 654 unter der taktischen Nummer 511 eingesetzt worden. (KHM)

Die Aufnahme zeigt deutlich den vermutlichen Grund der Aufgabe des »Elefant« 102: ein Granattreffer hatte vorn links die Bremstrommel verklemmt. (KHM)

Der unrestaurierte »Elefant« 102 in Aberdeen-USA. (KHM)

Der »Elefant« mit der Nummer 102 und der Fahrgestell-Nummer 150 071 äußerlich aufgearbeitet.

Die drei schmalen Motordeckel vor der Stirnwand waren von außen die einzige Zugangsmöglichkeit zu den Maybachmotoren, da der Kühlerraum vom Motorraum abgeschlossen war! Der Zugang vom Kampfraum war nach Demontage der Bodenbleche auch nur begrenzt möglich, wie es anhand der Innenaufnahmen erkennbar ist. Die Wartungsprobleme sind gut vorstellbar.

Über dem rechten Aufbauwinkel ist gut die Verzapfung der Stirnpanzerung erkennbar.

Eigenartigerweise wurde hier die 640-mm-Skoda-Kette etwas wahllos zusammengesetzt, wie dieses Bild zeigt (Zahn-Zahn-ohne Zahn-ohne Zahn). Darüber ist, wie auch im nächsten Bild, gut der bananenförmige Kettenabweiser zu erkennen.

Im Bild ist gut der Schmutzabweiser des Kettenrades vorn und hinten zu erkennen. Die Anordnung der Kettenglieder stimmt in diesem Fall.

Das Aberdeen-Fahrzeug 102 als Leihgabe in der Ausstellung im Tank-Museum Bovington.

Die nachgerüstete MG-Kugelblende mit zusätzlicher Panzerplatte. Der rechte Beobachtungsschlitz des Funkers wurde verschlossen.

Hinter der Motorabdeckung ist erkennbar, dass an der rechten Stirnpanzerung die Regenrinne abgerissen wurde.

Vor der mittleren Kühlergräting die Haltevorrichtung der Funker-Luke.

Die am Fahrzeug vorhandenen Treffer wurden von den Restauratoren silbrig hervorgehoben.

Die Geschützblende in Nahaufnahme.

Die Aufnahme lässt die starke Stirnplatte zur Geltung kommen.

Die nachgerüstete Kommandantenkuppel und der geschützte Aufbaulüfter.

Die Winkelspiegel der Kommandantenkuppel fehlen komplett.

Am Federarm ist gut der daran befestigte Anschlag bei maximaler Ausfederung zu erkennen.

Die Innenaufnahme vom Fahrerplatz zeigt rechts den kompletten Schaltkasten. Links befand sich das Armaturenbrett, wovon nur noch ein Kabelstrang zu sehen ist. (TM)

Der Ausschnitt nach rechts zum Funkerplatz zeigt vorn die Reste des Bordsprechverstärkers Kst. Pz. Nr. 20. Darunter, vor dem Funker, befand sich der UKW-Funkgerätesatz Fu 5. Rechts vom Funker zeugen die zwei Haltewinkel mit Flügelmuttern von der Befestigung der beiden Umformer EUa und U10a1 der Funkanlage. Der linke Pfeil zeigt die Fahrgestell-Nummer 150 071 an. Schräg darüber die Glocke des Maschinentelegraphen, mit dem bei Bordfunkausfall Weisungen vom Kommandanten an den Fahrer erfolgten. (TM)

Innenaufnahmen zeigen den Kampfraum des »Elefant« 102 im heutigen unrestaurierten Zustand. Auffällig ist, dass beim Vergleich mit den älteren Innenaufnahmen einige Einbauteile gerade auf dieser Seite entfernt worden sind. (TM)

Frühe Aufnahmen vom Kampfraum auf der Kommandantenseite. Davor noch der vollständige Mahle-Luftfilter. (KHM)

Das Geschütz von rechts. (KHM)

Der geschlossene Verschluss zeigt, dass der Schlagbolzen entfernt wurde. (KHM)

Die rechte Seite mit den Munitions- und Funkgerätehalterungen (Befehlsfahrzeug). (KHM)

Neben dem Kasten für Kopfhörer und Kehlkopfmikrofon der Hebel des Kommandanten für den Maschinentelegraphen. Damit konnte bei Ausfall der Bordsprechanlage dem Fahrer Weisungen erteilt werden. Darunter der Anschlusskasten (Kst. Pz. Nr. 21) für Kopfhörer und Kehlkopfmikrofon des Kommandanten. (KHM)

Auf dem Boden befinden sich nur noch vier Halterungen für die Granatpatronen. (KHM)

Blick zur linken Seite. Neben den weiteren Munitionshalterungen sind die Kästen für die Signalmunition und Geschützersatzteile zu sehen. (KHM)

Vor dem Richtschützensitz u.a. die zwei Behälter für die Atemluftschläuche. (KHM)

Blick unter das Geschütz Richtung Geschützbrücke. (KHM)

Die Bodenhalterungen für sechs Granatpatronen sind noch vorhanden. Die Patronen wurden mit der Geschossspitze nach unten gelagert. So konnte der Ladekanonier die Patrone leichter aufnehmen und das Geschütz laden. (KHM)

Die Munitionshalterungen Mitte … (KHM)

… und hinten links. Gut ist die Bodenhalterung für neun Granatpatronen erkennbar. (KHM)

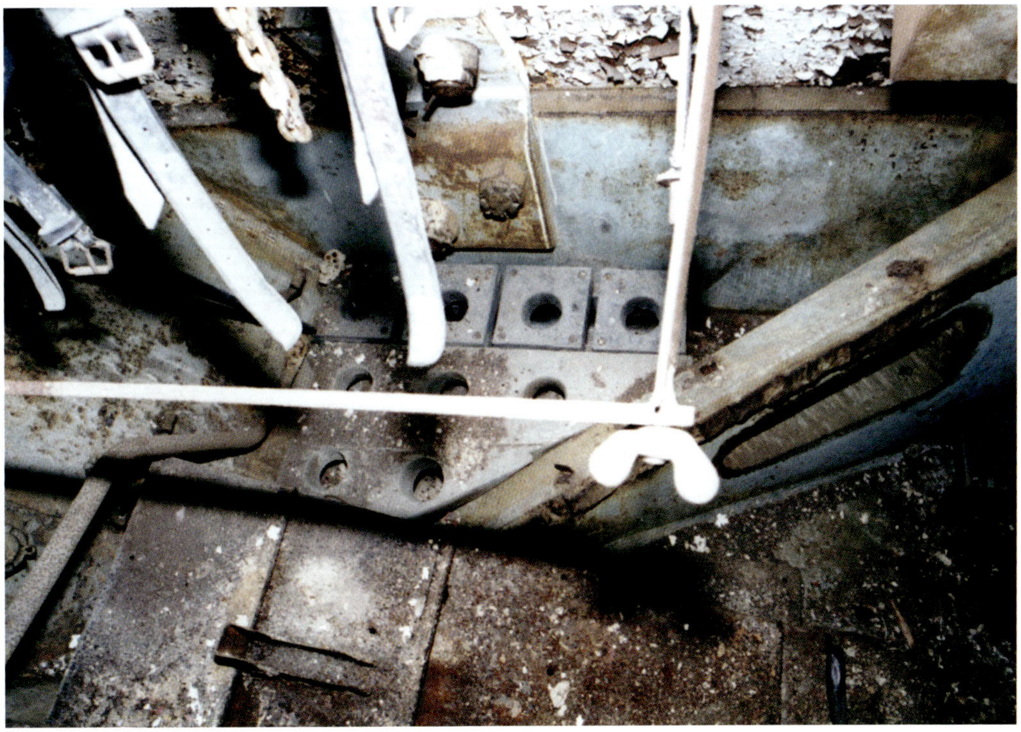

Der Blick zur Decke zeigt die Halterung des Sturmgeschütz-Zielfernrohres. (KHM)

Es ist gut zu erkennen, dass die Kommandanten-Kuppel nachträglich eingebaut wurde. (KHM)

Die Technik im Detail

Von der detaillierten Technik sollen hier nur die Komponenten vorgestellt werden, die sich vom Porsche-Tiger unterschieden. Dies betraf neben dem Geschütz den Maybach-Motor. Auf die anderen Komponenten, wie elektrischen Antrieb und Fahrwerk, wurde schon ausführlich im Buch zum Porsche-Tiger eingegangen. Damit soll eine Überschneidung mit dem vorhergehenden Buch über den Porsche-Tiger vermieden werden. Der Leser nur dieses Buches möge dies entschuldigen. Die Bezeichnungen für dieses Fahrzeug waren vielseitig:

- **Sturmgeschütz 8,8 cm K (auf Fahrgestell Tiger P) (Ferdinand)** – Überbl.Rü. – 01.04.1943
- **Panzerjäger Tiger (P)** – Gerätebeschreibung D 656/1-3 – 01.05.1943
- **8,8 cm Stu.Gesch. mit 8,8 cm Pak 43 (auf Fahrgestell Tiger P)** – Überbl.Rü. – 01.12.1943
- **8,8 cm Pz.Jäger 43/2 (L/71) Tiger P** – Rüstungsbuch – 01.12.1943
- **8,8 cm Panzerjägerkanone 43/2 (L/71)** – Bez. für die Waffe – 28.01.1944
- **Elefant (8,8 cm Stu.Gesch. mit 8,8 cm Pak 43/2) (Sd. Kfz. 184)** – Überbl.Rü.-01.07.1944[32]

[32] Pawlas: Waffenrevue Nr. 65, Seite 29

Die technischen Daten laut den Datenblättern für Heeres-Waffen, -Fahrzeuge und -Gerät-Stand 1944 (*in Klammer lt. Datenblatt vom 25.08.1943*):

Stu.Gesch. m. 8,8 cm Pak 43 (auf Fgst.Tiger P) (Elefant) (Sd.Kfz.184)

Gefechtsgewicht des Fahrzeugs	65 t (64,37 t)
Motor	zwei Stück vom Typ Maybach HL 120 TRM 530 PS (*2 x 300 PS*)
Spez. Leistungsgewicht	8,16 PS/t
Höchstgeschwindigkeit	30 km/h (*Straße: 20 km/h, Gelände: 10 km/h*)
Mitgeführte Kraftstoffmenge (einschl. Reserve)	950 Liter (*503 + 348 = 851 Liter*)
Fahrbereich mit einer Kraftstoff-Füllung	Straße 150 km, mittleres Gelände 90 km
Kraftstoff-Verbrauch mittelschweres Gelände	1000 Liter/ 100 km
Grabenüberschreitfähigkeit	2,64 m
Spez. Bodendruck	1,23 kg/cm² (*1,08 kg/cm²*)
Kletterfähigkeit	0,78 m
Steigfähigkeit	30° (*unterschiedliche Angaben – d.A.*)
Watfähigkeit	1,0 m (*2,0 m*)
Besatzung	6 Mann (*5 Mann*)
Länge	8,14 m
Breite	3,38 m (*3,34 m*)
Höhe mit Aufbau	2,97 m
Feuerhöhe	2,31 m
Bordmunition: für Pak für MG für MP	50 Patronen (*2 x 12 + 2 x 18 = 60 Patronen*) 600 Patronen 384 Patronen
Bestückung: a) Bugwaffen b) im Kampfraum	1x 8,8 cm Pak 43/2 (L/71) 1x MG 34 lose, 2x MP (*Eintrag wurde nicht korrigiert – d.A.*)
Optisches Gerät	1x Sf 14 Z; 1x Sfl. ZF 1a, 2x Winkelspiegel, 3x Prismenspiegel
Funkgerät (normale Ausstattung)	1x Satz Fu 5 oder Fu 2, Bordsprechanlage Kst. Pz. Nr. 20
Panzerung	Wanne-Front 100+100 mm/80°, -Seite 80 mm/60°; 80 mm/90°, Aufbau 200 mm/70°, Dach 30 mm/0°, Boden 20+30 mm/0° vorn, Boden 20 mm/0° hinten.
Kette	rechts 110 Glieder, links 109 Glieder, Kettengewicht 2440 kg, Auflagenlänge 4,115 m, Spurweite (Kette jeweils mittig) 2,68 m, Kettenteilung 130 mm, Kettenbreite 640 mm
Fahrwerksgewichte	je Laufrad 219 kg, je Triebrad 506 kg, je Leitrad m. 19 Zähne 554 kg, je Seitenvorgelege 544 kg, je Leitradkurbel mit Bremse 438 kg, je Schwinge mit Drehstabfeder 402 kg, je Drehstab 38 kg.
Fahrwiderstände	~45 kg/t auf Betonstraße, ~55 kg/t auf Kopfsteinpflaster, ~90 kg/t auf ungepflasterter Straße mit starker Sand- und Staubschicht.

Die 8,8-cm-Pak 43/2 L/71

Die 8,8-cm-Pak 43/2 (L/71) bestand aus einem einteiligen Rohr, Lafette, Zubehör- und Vorratssachen. Die Pak besaß einen Höhenrichtbereich von +16° (+*14° lt. anderen Angaben – d.A.*) bis – 8°, Seitenrichtbereich 15° beidseitig (*lt. anderen Angaben 14° – d.A.*). Die maximale Schussweite bei einer 16°-Rohrerhöhung war mit 9700 m angegeben. Die Rohrlänge ohne Mündungsbremse betrug bei einer Kaliberlänge von L/71 6,298 m, mit Mündungsbremse 6,686 m. Das Geschütz wog komplett 2200 kg und besaß eine durchschnittliche Lebensdauer von 1200 Schuss. Die Feuergeschwindigkeit betrug sechs Schuss in der Minute. Hersteller war der Dortmund-Hoerder-Hüttenverein, Werke Lippstadt. Der Preis betrug 20.000 RM und die durchschnittliche Fertigungszeit acht Monate.[33]

	Gerät 18/36	**Gerät 41**
Rohrlänge	L/56	L/71
Rohrüberstand über Vorderkante Wagen	2500 mm	3820 mm
Rohrgewicht	1465 kg	1900 kg
Patronengewicht	15 kg	23 kg
Patronenlänge	930 mm	1200 mm
Patronendurchmesser	112 mm	147 mm
Turmgewicht einschließlich Waffe	9,7 t	13,5 t
Bedienungskreisdurchmesser	1820 mm	2100 mm
Außendurchmesser	2320 mm	2600 mm
Bremsdruck	7 t	10 t
Mündungsbremswirkungswert	0%	0%
Feuergeschwindigkeit	ca. 12 Schuss/min	ca. 8 Schuss/min

Die folgende Beschreibung geht auf die zuständige Vorschrift D 2030 zurück.

[33] Datenblätter f. Heeres-Waffen,-Fahrzeuge und-Gerät.

Das Geschützrohr

Das einteilige Vollrohr verjüngt sich nach vorn und besteht aus einer links aufgeschraubten Mündungsbremse und der Spannschraube für das leicht abnehmbare Bodenstück. Das Rohrinnere setzt sich aus dem Ladungsraum, dem Übergangskegel und dem gezogenen Rohrteil zusammen. Dieser gezogene Teil besitzt 32 Züge mit einem konstanten Rechtsdrall von 6° 30‘.

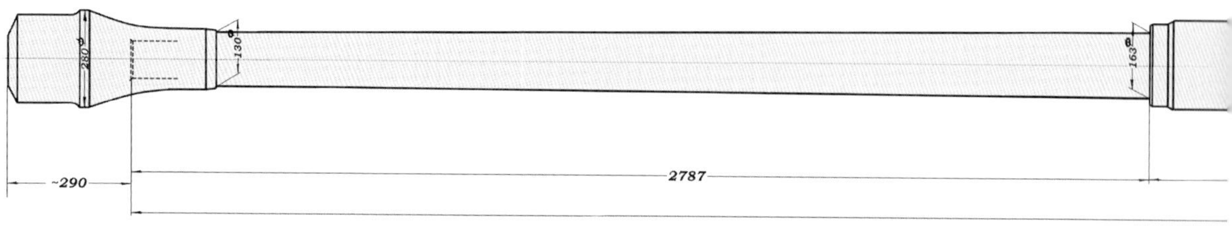

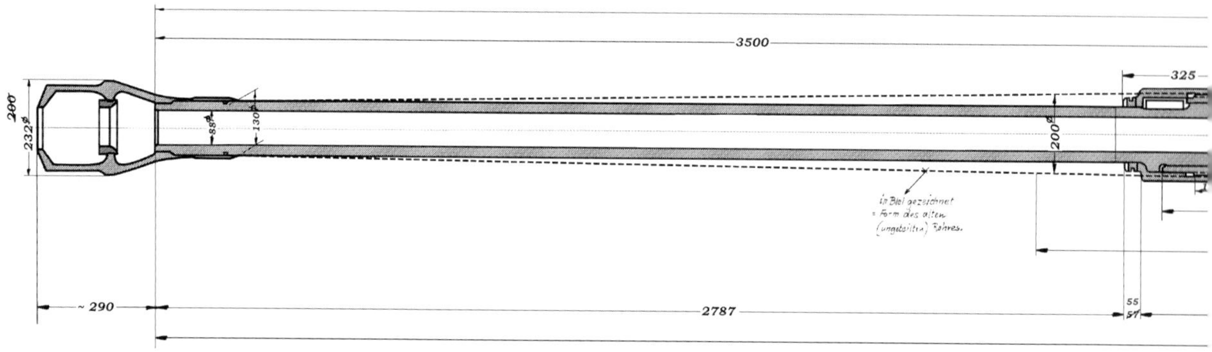

Oben das zweiteilige Rohr mit kleiner Mündungsbremse, unten das im »Ferdinand« verwendete einteilige Rohr mit großer Mündungsbremse.

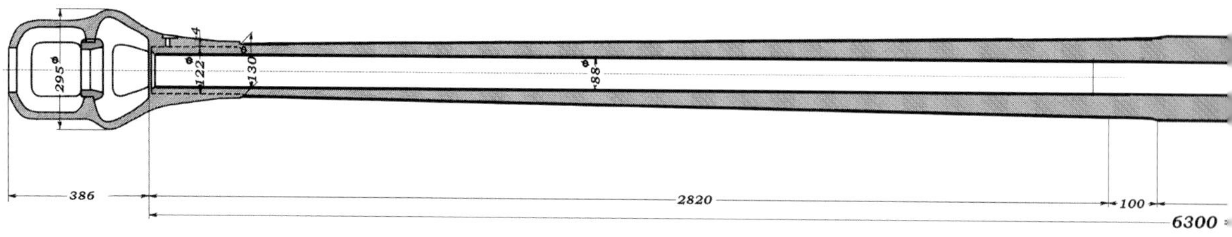

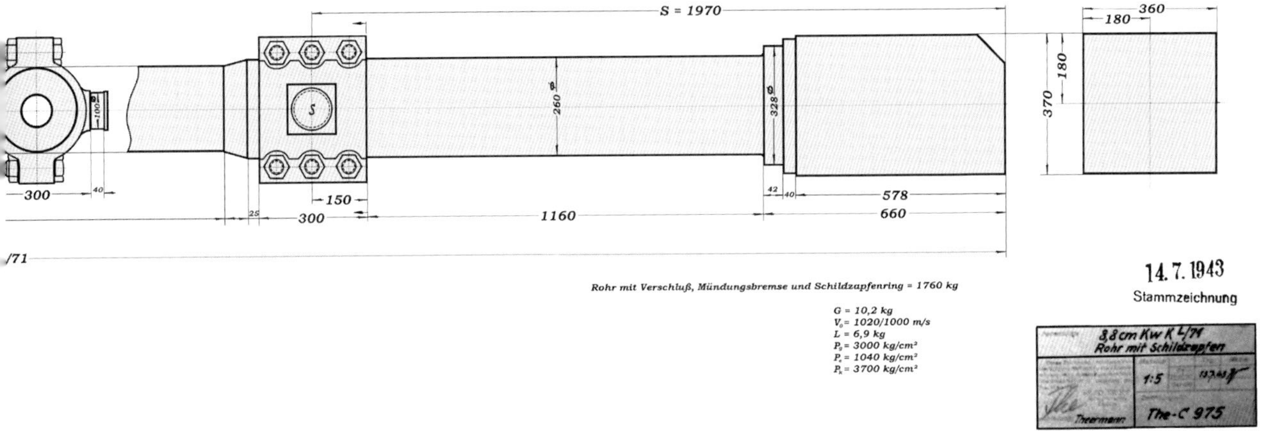
S = 1970
/71
Rohr mit Verschluß, Mündungsbremse und Schildzapfenring = 1760 kg
G = 10,2 kg
V_0 = 1020/1000 m/s
L = 6,9 kg
P_g = 3000 kg/cm²
P_e = 1040 kg/cm²
P_s = 3700 kg/cm²
14. 7. 1943
Stammzeichnung
8,8 cm KwK L/71
Rohr mit Schildzapfen
1:5
Thoermann
The-C 975

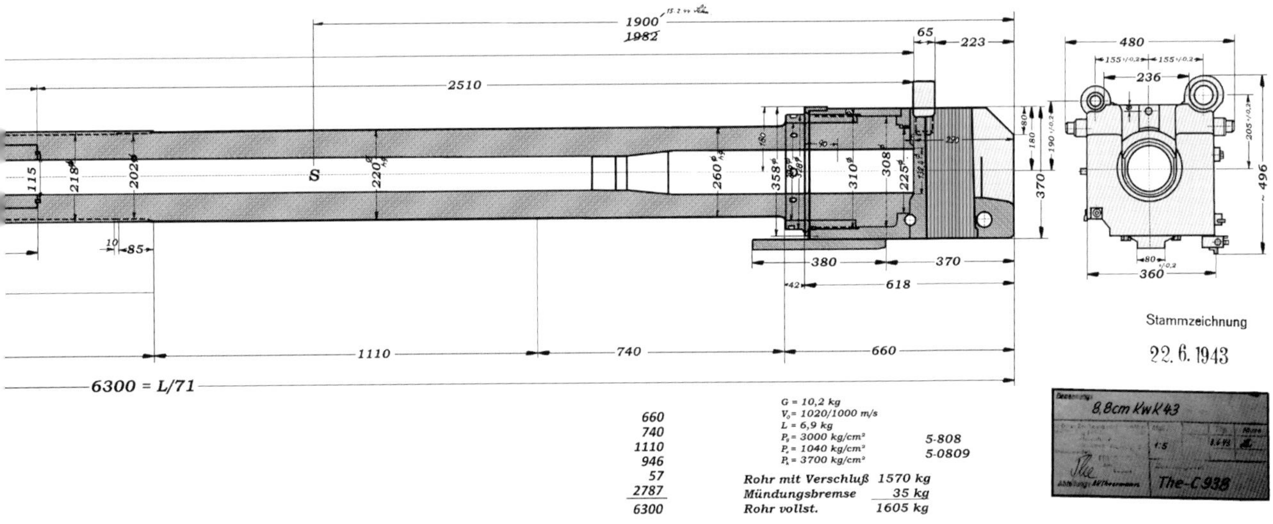
1900
1982
2510
6300 = L/71
660
740
1110
946
57
2787
6300
G = 10,2 kg
V_0 = 1020/1000 m/s
L = 6,9 kg
P_g = 3000 kg/cm²
P_e = 1040 kg/cm²
P_s = 3700 kg/cm²
5-808
5-0809
Rohr mit Verschluß 1570 kg
Mündungsbremse 35 kg
Rohr vollst. 1605 kg
Stammzeichnung
22. 6. 1943
8,8 cm KwK 43
1:5
The-C 938

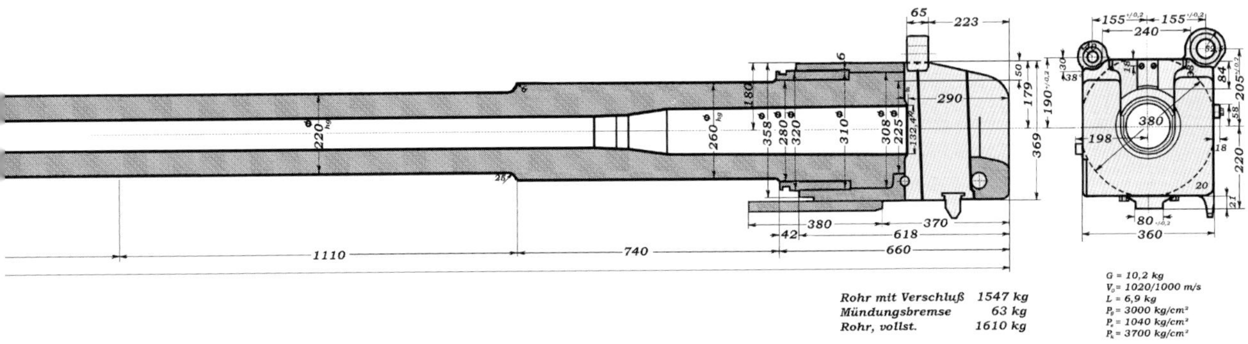
Rohr mit Verschluß 1547 kg
Mündungsbremse 63 kg
Rohr, vollst. 1610 kg
G = 10,2 kg
V_0 = 1020/1000 m/s
L = 6,9 kg
P_g = 3000 kg/cm²
P_e = 1040 kg/cm²
P_s = 3700 kg/cm²

Das Bodenstück

Das Bodenstück dient zur Aufnahme des Verschlusses und der Bewegungseinrichtung. In den Rohrhaltern werden die Kolbenstangen von Rohrbremse und Rohrvorholer befestigt. Weiterhin gehört zum Bodenstück die Sicherungsplatte gegen ein Verdrehen des Vollrohres, der Gleitschuh, der Anschlag für den Rücklaufmesser, das Einsatzstück für die Verschlussklinke, die Platte zur Auswerferwelle sowie der Nocken zum elektrischen Sicherheitsschalter dazu.

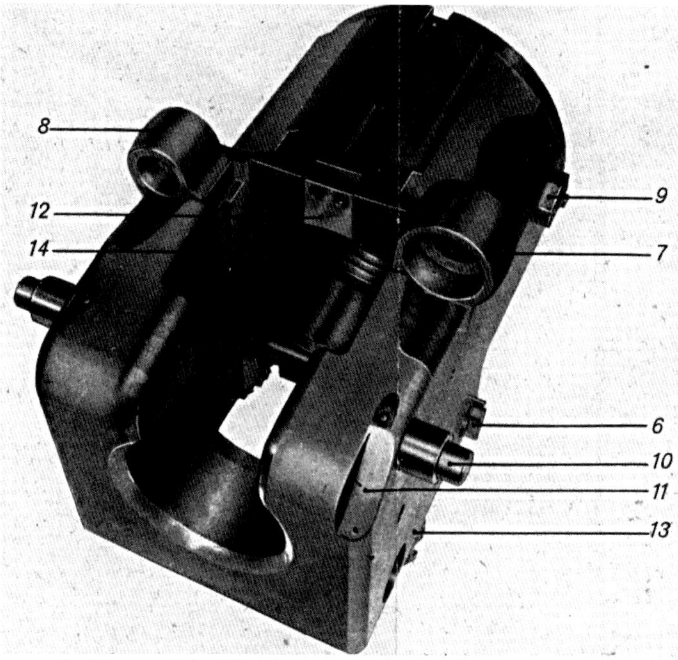

1 -Verschlußkeil
2 -Bewegungseinrichtung
3 -Sperrbolzen
4 -Sicherung
5 -Druckhebel der Auswerferkralle
6 -Platte zur Auswerferwelle
7 -Lager für Kolbenstange der Rohrbremse
8 -Lager für Kolbenstange des Rohrvorholers
9 -Nocken für elektr. Sicherheitsschalter
10-Zapfen für Wiegenzurrung
11-Winkelmesserebene
12-Sicherungsplatte
13-Futterstück für Klinke
14-Gewinde für Spannschraube

Der Verschluss und die Bewegungseinrichtung

Der Verschluss ist ein halbautomatischer Fallblockverschluss mit elektrischer Abfeuerung. Dieser wird vor dem erstmaligen Laden mit der Hand geöffnet. Nach dem erstmaligen Laden schließt er sich automatisch. Nach dem Schuss öffnet sich der Verschluss kurz vor beendetem Vorlauf selbständig und wirft die leere Patronenhülse aus. Zum manuellen Schließen ist der Griff des Federgehäuses nach hinten zu ziehen und der Druckhebel zur Auswerferwelle nach vorn zu drücken.

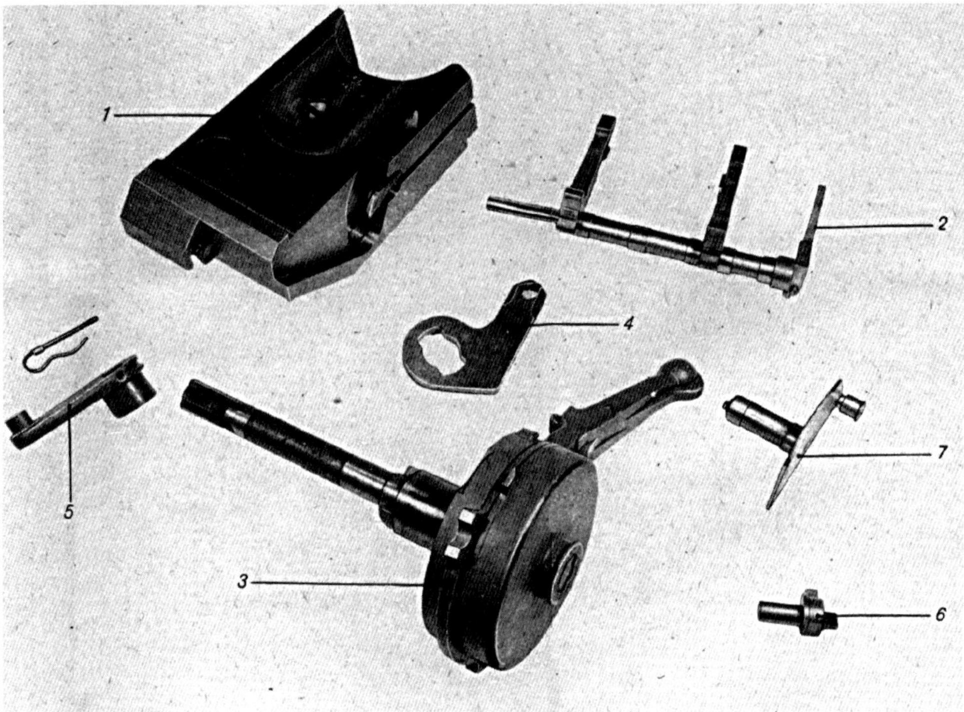

1-Verschlusskeil
2-Auswerfer
3-Bewegungseinrichtung
4-Schubkurbel
5-Spannhebel
6-Sperrbolzen
7-Sicherung

Die Lafette

Die Lafette besteht aus der Rohrwiege mit Abweiser, der Kugelblende und der Wiegenzurrung, der Rohrbremse mit hydraulischem Sicherheitsschalter, dem Rohrvorholer, den Ausgleichsgewichten, der Oberlafette mit Kugelzapfen und Schwenkschiene, der Höhen- und Seitenrichtmaschine, der Zieleinrichtung und der elektrischen Abfeuerung.

Die Wiegenzurrung befindet sich unter der Decke des Aufbaus. Während der Fahrt wird das Geschütz bei 0° gezurrt. Hierzu wird die Zurrbrücke über die Zapfen des Bodenstücks und die Lager an der Fahrzeugdecke gelegt. Durch Drehen seiner Hülse wird der Druckstempel gegen das Bodenstück gepresst. Zum Schießen wird die Zurrung abgenommen und der Zurrstempel unter die Decke geklappt und befestigt.

Die Rohrbremse sitzt auf der rechten Seite der Rohrwiege und besitzt die Aufgabe, den Rücklauf des Rohres zu bremsen sowie dessen Vorlauf zu regeln. Sie besteht aus einem Bremszylinder, dem Zylinderboden, der Stopfbuchse, dem Kolben mit Kolbenstange, der Reglerstange und dem Vorlaufhemmdorn. Die Rohrbremse enthält etwa 5,4 Liter Bremsflüssigkeit (braun ark) und besitzt eine mittlere Bremskraft von 6300 kg. Die Rücklauflänge beträgt zwischen 550 bis maximal 580 mm. An der Rohrbremse befindet sich der hydraulische Sicherheitsschalter, der die Aufgabe hat, bei abfallendem hydraulischen Druck infolge eines Lecks die elektrische Abfeuerung zu unterbrechen.

Der Rohrvorholer befindet sich links neben der Rohrbremse und hat die Aufgabe, das Rohr nach dem Rücklauf wieder nach vorn in die Schussstellung zu bringen. Er besteht aus einem Luftbehälter mit Boden, dem Deckel und der Kappe des Verdrängerzylinders, der Stopfbuchse sowie dem Kolben mit Kolbenstange. Letzterer wird im Verdrängerzylinder geführt. In ihm befinden sich etwa 5,3 Liter Bremsflüssigkeit (braun ark). Im Luftbehälter beträgt der Luftdruck zwischen 5 bis 50 kg/cm^2.

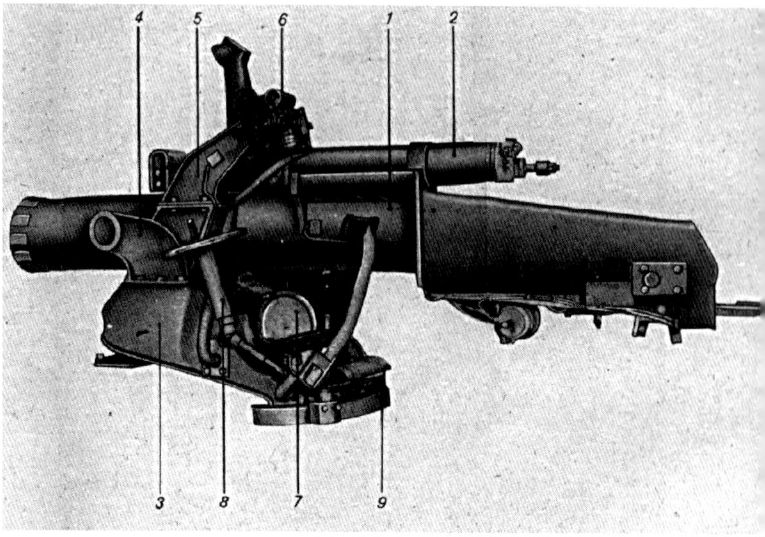

1-Rohrwiege
2-Rohrvorholer
3-Oberlafette
4-Schildzapfenlager
5-Lager für Zieleinrichtung
6-Zieleinrichtung
7-Höhenrichtmaschine
8-Seitenrichtmaschine
9-Schwenkschiene

1-Rohrwiege
2-Abweiser
3-Rohrbremse
4-Rohrvorholer
5-hydr. Sicherheitsschalter
6-Oberlafette
7-Höhenrichtmaschine
8-Seitenrichtmaschine

Die Rohrwiege mit Abweiser

Die Rohrwiege mit Abweiser und Kugelblende dient zur Führung und Lagerung des Rohres. Der Abweiser schützt die Besatzung vor dem zurücklaufenden Rohr und die Kugelblende die Rohrwiege gegen Beschuss von vorn.

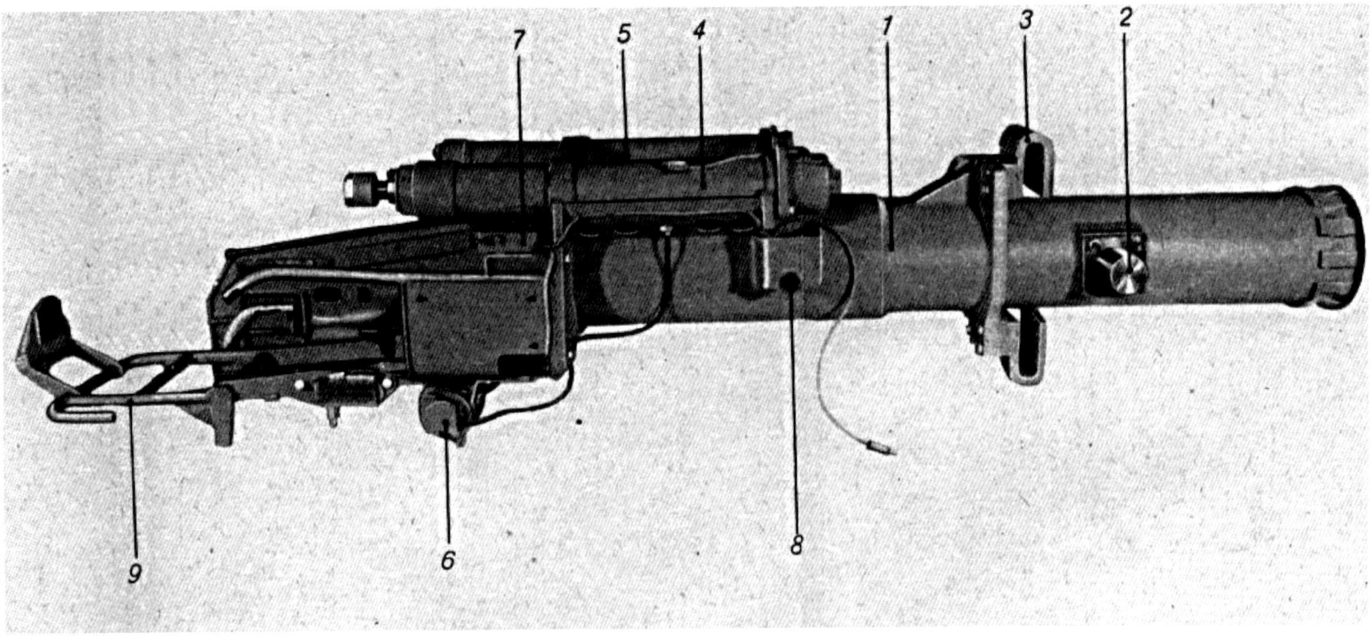

1-Rohrwiege
2-Schildzapfen
3-Stauchbügel
4-Rohrbremse
5-Rohrvorholer
6-hydr. Sicherheitsschalter
7-elektr. Sicherheitsschalter
8-Augenlager für die Höhenrichtmaschine

Die Oberlafette

Diese trägt in ihren Schildzapfenlagern die Rohrwiege mit Rohr und Kugelblende. Sie ist vorn auf einem – auf der Plattform des Fahrzeugs festgeschraubten – Kugelzapfen gelagert und gegen ein Abheben mittels eines unten angeschraubten Ringes gesichert. Hinten wird die Oberlafette mithilfe zweier Gleitschuhe in der Schwenkschiene geführt. Am linken Schildzapfenlager befindet sich das Lager der Zieleinrichtung. Vor dem Handrad zur Höhenrichtmaschine befindet sich der Aufnahmeflansch zur Notabfeuerung. Auf der rechten Seite befindet sich der Lagerbock, an dem der Abdeckschieber für die Deckenöffnung angelenkt wird. Zudem befinden sich auf der rechten Seite beide Lager für die Höhenrichtmaschine. Dessen Höhenrichtfeld beträgt -8° und +18°. Am Handrad der Höhenrichtmaschine befindet sich auch der gefederte Abzug der Geschützabfeuerung.

Am hinteren Teil der Oberlafette befindet sich die Gewindespindel der Seitenrichtmaschine. Das Seitenrichtfeld beträgt von der Mittelstellung aus gesehen nach rechts und links je 15°. Zudem ist im hinteren Teil der Oberlafette noch die Möglichkeit einer Seitenzurrung vorgesehen, in dem in die vorhandenen Bohrungen der Schwenkschiene eine Verschraubung zur Feststellung der Lafette montiert werden kann.

1-Oberlafette
2-Schwenkschiene
3-Schildzapfenlager
4-Lager für die Zieleinrichtung
5-Höhenrichtmaschine
6-Handrad der Höhenrichtmaschine
7-Seitenrichtmaschine
8-Handrad der Seitenrichtmaschine

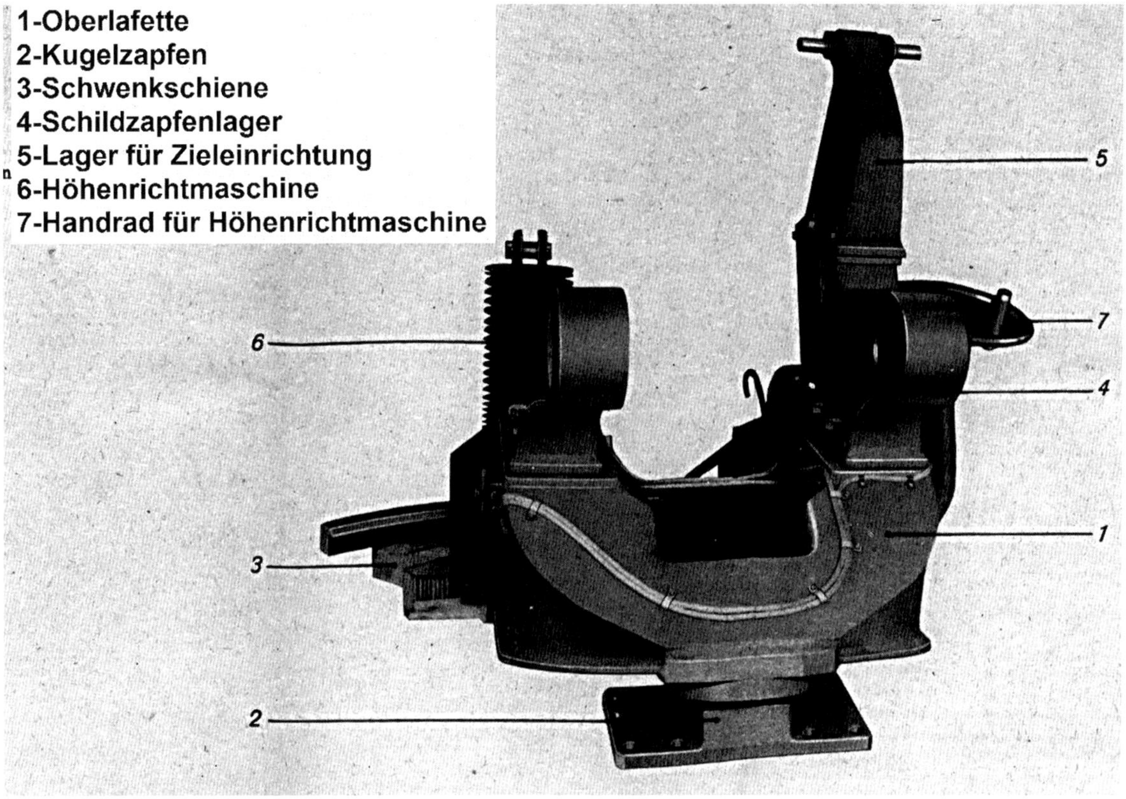

Gut erkennbar die Spindeln der Höhen- und Seitenrichtmaschine. (WS)

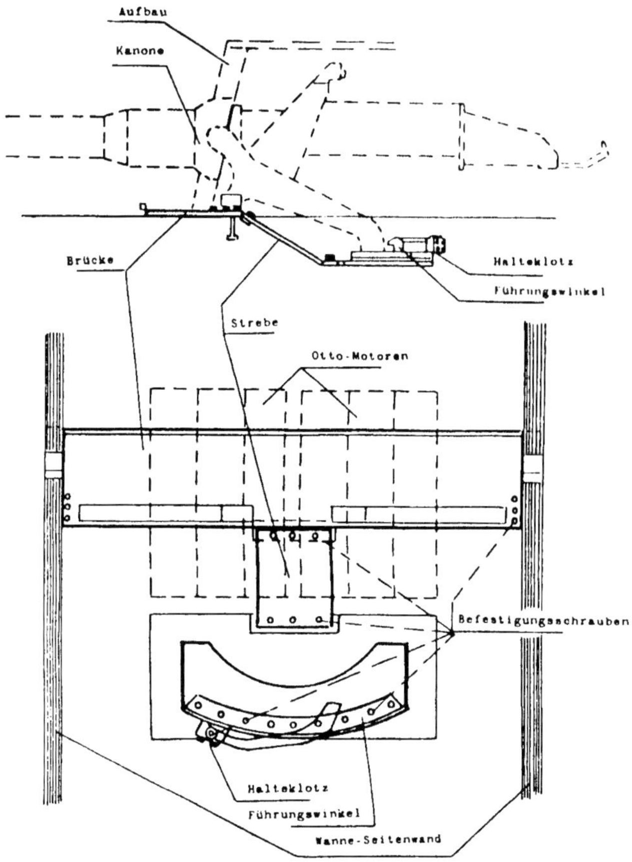

D 656/3.

Die Zieleinrichtung (1) mit Messfläche an der Wiege (7).

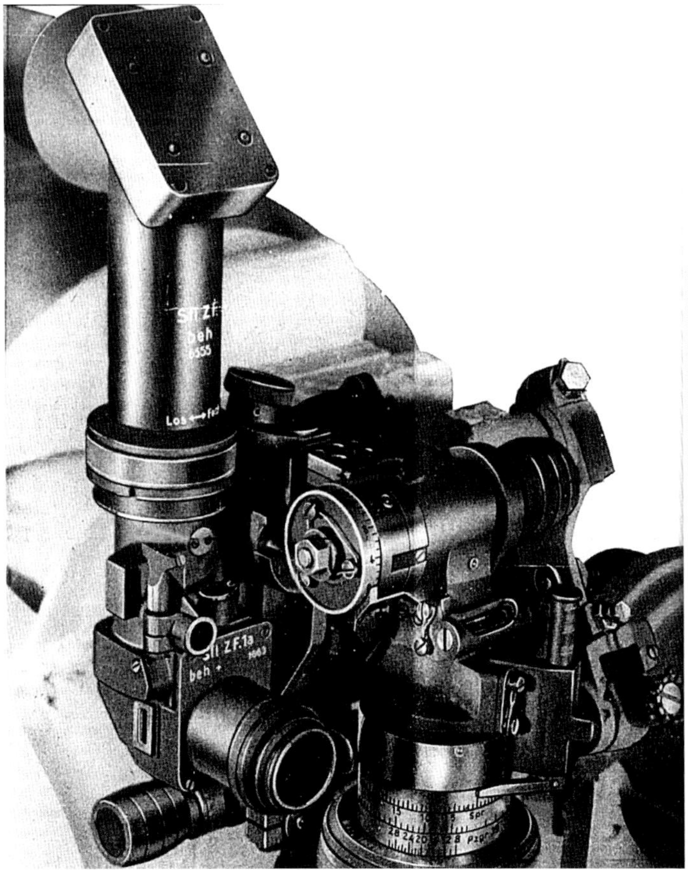

Das Selbstfahrlafetten-Zielfernrohr (Sfl Zf 1a) angebaut und im Einsatz. (KHM)

Die Munition

Die verwendete Patronen-Munition entsprach der 8,8-cm-Flak 41. Nur die Zündschrauben der Kartuschen waren verschieden, da die deutschen Panzerkampfwagen, im Gegensatz zur Artillerie, eine elektrische Zündvorrichtung besaßen. Standart-Munition war im Panzerjäger »Ferdinand« die Panzergranate 39-1 bzw. 39/43 und die Sprenggranate.

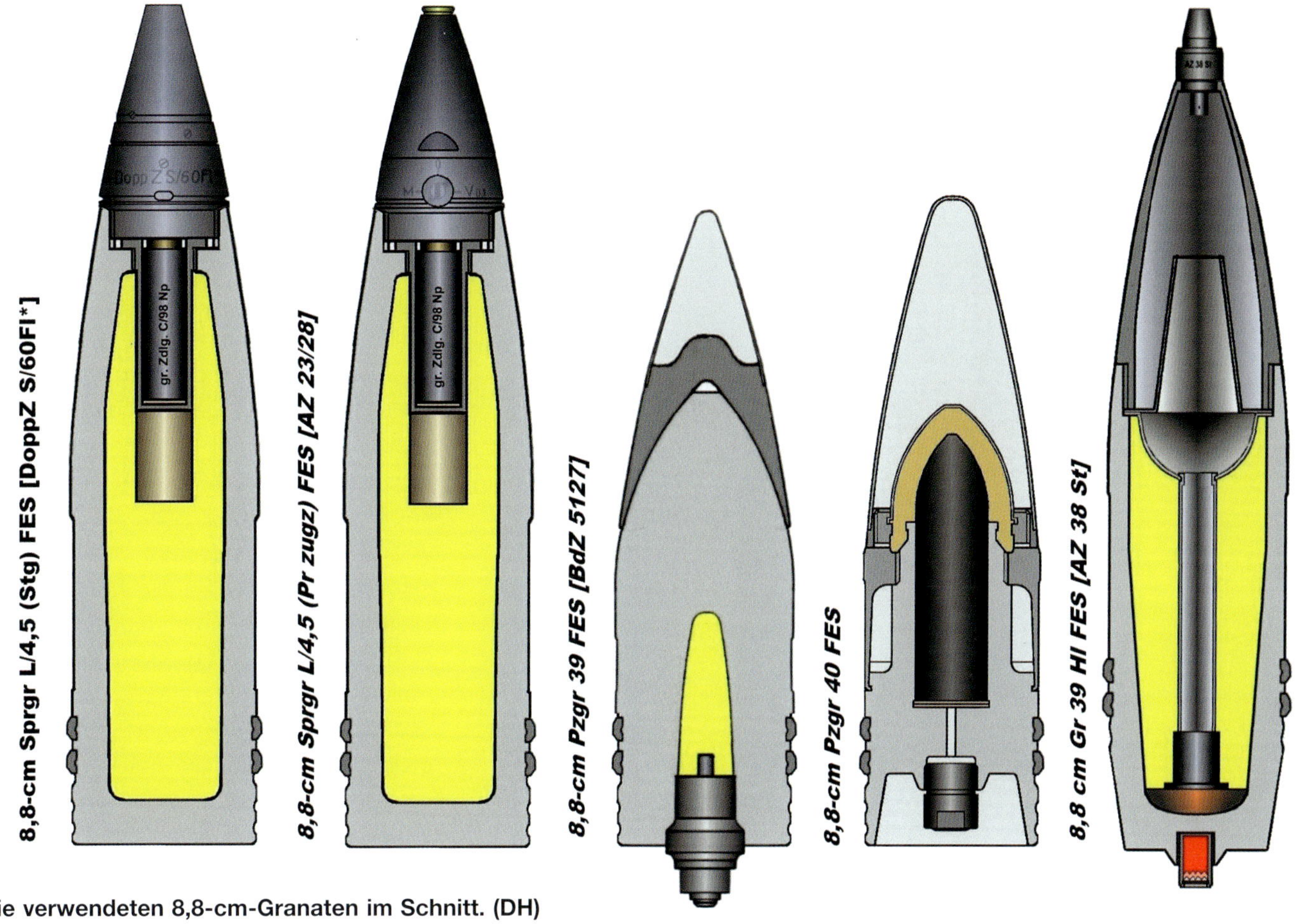

Die verwendeten 8,8-cm-Granaten im Schnitt. (DH)

- Die Sprenggranate L/4,5 besaß eine Vo von 700 m/s und wog 9,4 kg. Die Patronenlänge betrug 1183 mm und besaß ein Gewicht von 18,8 kg.
- Die Panzergranate 39-1 besaß eine Vo von 1000 m/s und wog 10,2 kg. Die Durchschlagsleistung betrug 165 mm Panzerstahl auf eine Entfernung von 1000 m bei einem Auftreffwinkel von 30°. Bei 2000 m reichte es noch für 139 mm. Die Patronenlänge betrug 1128 mm.
- Die Panzergranate 39/43 besaß ähnliche Leistungsdaten wie die 39-1, wog als Patrone 23 kg und war 1125,4 mm lang. Wie alle /43 Granaten besaß sie im Unterschied gegenüber den Vorgänger-Granaten breitere Führungsbänder. Damit eigneten sie sich auch für abgenutzte Geschützrohre mit jenseits von 500 Schuss für präzise Treffer.
- Die Panzergranate 40/43 besaß eine Vo von 1130 m/s und wog 7,3 kg. Die Patrone war 1108,2 mm lang. Die Durchschlagsleistung betrug 192 mm Panzerstahl auf eine Entfernung von 1000 m bei einem Auftreffwinkel von 30°. Bei 2000 m sank die Leistung auf 136 mm. Dieses Massivgeschoss wurde auf Grund des akuten Wolfram-Mangels selten eingesetzt.
- Die Granate 39 HL hatte mit ihrer niedrigen Vo von 600 m/s in diesem Fall ihre Bedeutung verloren, da die Durchschlagsleistung der Panzergranate 39-1 in der 8,8-cm-Pak 43/2 eindeutig besser war. Die Durchschlagsleistung der Hohlladung lag bei 90 mm unabhängig der Schussentfernung. Das Geschoss wog 7,65 kg, die kompletten Patrone 16 kg.

Sprgr. Patr. 43 **Pzgr. Patr. 39/43** **Pzgr. Patr. 40/43** **Gr. Patr. 39/43 Hl**

Der Munitionsvorrat war in den Dokumenten unterschiedlich angegeben. Einmal wurden 50 8,8-cm-Granatpatronen genannt, dann waren zweimal 12 Patronen und zweimal 18 Patronen in festen Halterungen, also 60 Granatpatronen zusammen und schließlich wurden von 26 Patronen in festen Halterungen und 50 Patronen lose, also 76 Granatpatronen zusammengeschrieben. In der Praxis wird die Besatzung die Munitionsmenge ganz individuell aufgenommen haben. Im »Ferdinand« 501 in Kubinka sind leider keine Munitionshalterungen mehr zu erkennen, so dass die Anzahl nicht nachvollziehbar ist. Im »Elefant« 102 dagegen sind an der rechten Seite zunächst sechs Halterungen erkennbar. Jedoch befindet sich weiter unten ein größerer Winkel, der mehr Patronen aufnehmen konnte als die sechs an der Seitenwand. Genau das gleiche Bild zeigen die Halterungen hinten rechts, hinten links und an der Seitenwand links. So können hinten links am Boden Halterungen für neun Patronen erkannt werden. So könnten neben den 20 Patronen an den Wänden noch einmal 40 Patronen davor als Bereitschaftsmunition befestigt worden sein. Weitere Patronen befanden sich vermutlich unter dem Geschütz.

Der Maybach-Motor HL 120 TRM

Der Maybach-Motor HL 120 TRM war der Standartmotor der deutschen Panzerwaffe und wurde u.a. im Panzerkampfwagen III und IV eingesetzt. Der 12-Zylinder-Benzinmotor besaß eine V-Form von 60°. Die Zylinder-Bohrung betrug 105 mm und der Kolbenhub 115 mm. Dies ergab einen Hubraum von 11.867 cm³. Das Verdichtungsverhältnis betrug zwischen 6,2 bis 6,6:1. Laut einer Dienstanweisung vom 17. September 1942 betrug die Motorleistung im Dauerbetrieb 265 PS bei 2600 U/min. Maximal leistete der Motor 300 PS bei 3000 U/min und der Kraftstoff-Verbrauch lag bei 235–255 g/PS je Std. Die kurzzeitige Überdrehzahl lag bei 3200 U/min und das maximale Drehmoment bei 80 mkg. Der Motor wog etwa 1000 kg, je nach Komplettierung. Die Kurbelwelle war siebenfach rollengelagert und die hängenden Ventile wurden von je einer – von Stirnrädern angetriebenen – obenliegenden Nockenwelle pro Zylinderbank angesteuert. Die Wasser-Kühlung erfolgte mittels einer Pumpe. Die Gemischbildung wurde durch zwei Solex-Doppelfallstrom-Gelände-Vergaser 40 JFF II sichergestellt. Der Motor wurde entweder durch den elektrischen 4-PS-Bosch-Anlasser BNG 4/24 oder durch den mechanischen Schwungkraftanlasser AL/ZMD/R9 angelassen. Zur Stromerzeugung für die Batterien wurde eine 600-Watt-Bosch-Lichtmaschine GTLN 600/12-1500 RS mittels dreier Keilriemen angetrieben. Nach den Unterlagen war zunächst eine 24-Volt-Lichtmaschine zur Fremderregung der Generatoren und E-Motoren verwendet worden.

Der HL 120 mit runden Auspuffkrümmern, geändertem Ölkühleranschluss und drei Lichtmaschinen-Keilriemen. Die freie Doppelkeilriemenscheibe an der Wasserpumpe ist für einen separaten Lüfterantrieb vorgesehen. (WS)

Da die mit diesem Motor ausgerüsteten Fahrzeuge unterschiedliche Lichtmaschinen besaßen, variierte vermutlich deshalb auf Grund der höheren Leistungsübertragung die Zahl der Lichtmaschinen-Keilriemen. So besaßen die Panzerkampfwagen III und IV verschiedene Lichtmaschinen, wie z.B. die Lichtmaschine GQL 300/12-900 RS, die bei 12 Volt im Dauerbetrieb 300 Watt und als Maximum 450 Watt leistete, für die zwei Keilriemen genügten. Für die oben genannte Lichtmaschine GTLN 600/12/1500 RS brauchte es für die 600 bzw. maximal 900 Watt Leistung schon drei Keilriemen während die Lichtmaschine GTLN 700/12/1500 B1 mit der Leistung von 700 bzw. maximal 1050 Watt vermutlich vier Keilriemen besaß.

Die Lichtmaschine des »Ferdinand« war im Gegensatz zur herkömmlichen Anordnung nicht am Motor, sondern seitenverkehrt am Wannenboden befestigt, wie im Bild der Rohbauwanne am Anfang des Buches ersichtlich. Deshalb waren die Abmessungen der Keilriemen (*1075 mm*) sowie deren Spannvorrichtung für diesen Motor gegenüber den anderen mit diesem Motor ausgerüsteten Fahrzeugen unüblich. Auch drehte dadurch die Standart-Lichtmaschine verkehrt herum, was laut den Dokumenten der Grund für den vorzeitigen Ausfall der Lichtmaschinen im »Ferdinand« vor Kursk war. Mit der Änderung des Rotors durch Bosch konnte das Problem beseitigt werden.

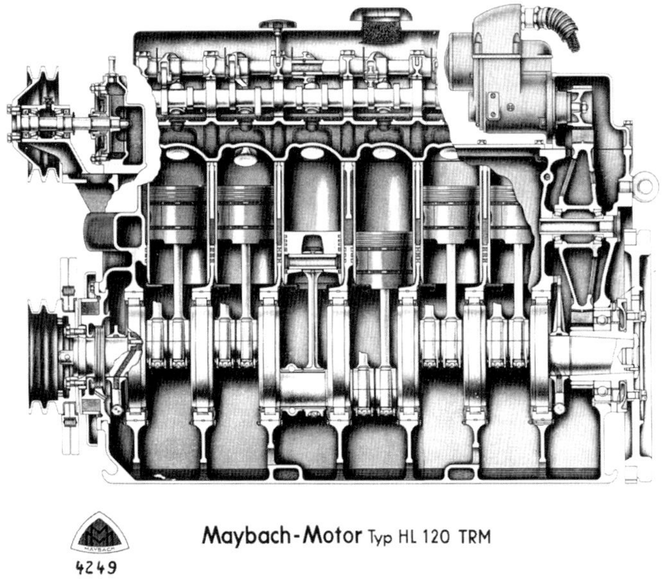

Der Maybach HL 120 TRM mit einer Keilriemenscheibe für zwei Keilriemen. Die Motoren des Panzerkampfwagens III (ZW) und des Panzerkampfwagens IV (BW) unterschieden sich nur durch unterschiedliche Ölbehälter und – bedingt durch den unterschiedlichen Lüfterantrieb – Keilriemenscheiben der Wasserpumpe.

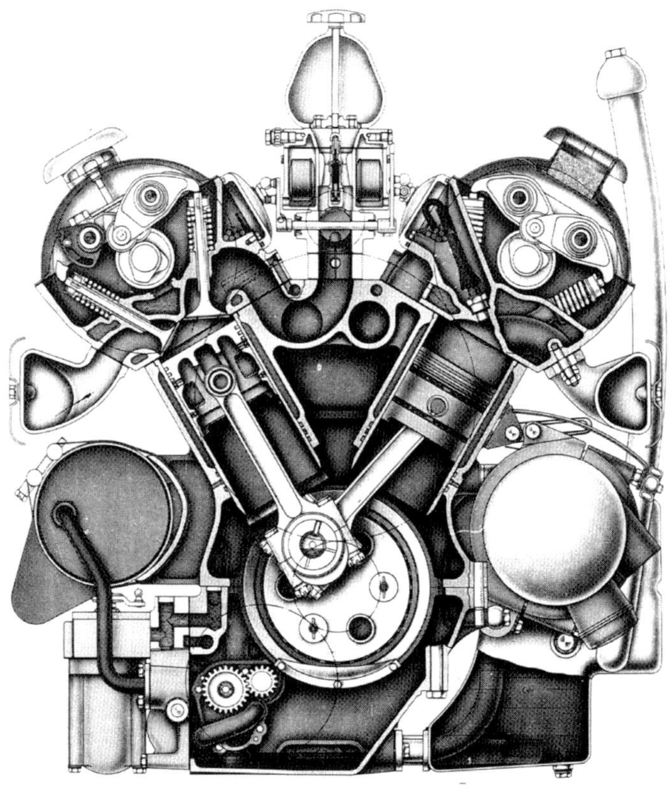

Ein geöffneter Maybach HL 120 TRM anlässlich der Instandsetzung. Im Vordergrund links am Motor der Schwungkraft-Anlasser und rechts der Ölkühler. Oben die beiden Solex-Doppel-Vergaser. (WS)

Der HL 120 mit abgeflachten Auspuffkrümmern und zwei Lichtmaschinen-Keilriemen. (WS)

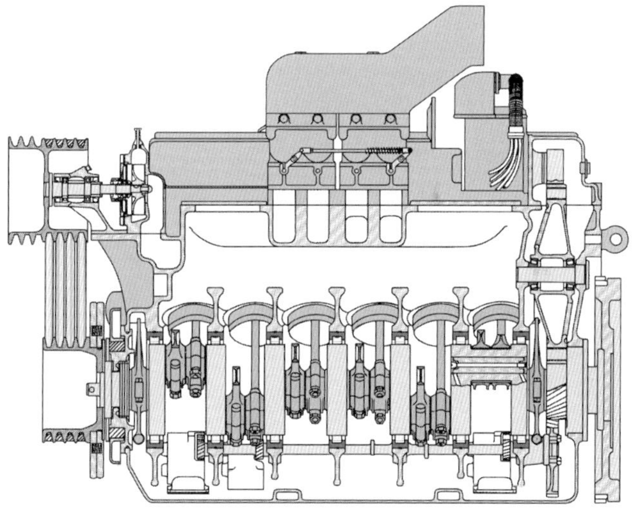

Der Maybach HL 120 TRM mit vier Lichtmaschinen-Keilriemen. Am Motorboden sind die zwei Ölabsaugpumpen und die Ölumlaufpumpe erkennbar.

Blick vom Richtschützen-Platz unter die Geschützbrücke. Unter dieser sind die beiden Vergaser erkennbar. Darüber das Seitenricht-Handrad. Das Höhenricht-Handrad fehlt vermutlich infolge des Treffers. Rechts ist zum Teil der Lüfter für die E-Motoren zu sehen. (WS)

Blick vom rechten Ladeschützen-Platz (hinter dem Kommandanten) Richtung Motor. Der Ventildeckel fehlt. Am Ansaugstutzen fehlt die Zuleitung zum Luftfilter, der sich innen an der Stirnwand befand. Am Geschütz oben die senkrechte Höhenricht-, unten die waagerechte Seitenrichtspindel und die elektrische Zuleitung zum Geschütz. (WS)

Vorbereitung zum Motorwechsel am »Elefant« 334 mittels eines Sd. Kfz. 100 mit einem 3-t-Bilstein-Kran auf Büssing-NAG. Die Motor-Abdeckung wird zuerst abgenommen. (KHM)

Die Motorabdeckung wird hier im Bild mittels eines Sd. Kfz 9/1 (18-t-Zugmaschine mit einem 6-t-Kran) abgenommen. (KHM)

Das nächste Foto zeigt hier am gleichen Fahrzeug gut Details zum eingebauten Maybach-Motor. Die Keilriemenscheibe der Wasserpumpe fehlt. Das untere Wasserrohr vom Ölkühler wurde für die Verwendung eines »Fuchsgerät« geändert. Die flachen Auspuffkrümmer besitzen einen geraden Krümmer-Anschluss. Das Detailfoto zeigt zudem deutlich die neue Lichtmaschinen-Spannvorrichtung am Motor. (KHM)

Die Motor-Generator-Einheit wird gewechselt. Interessant daran ist, dass, erkennbar an der verschraubten Halteplatte, der Aufbau nicht, wie vorgeschrieben, zurückgesetzt wurde. Damit hatte sich die Truppe sehr viel zusätzliche Arbeit gespart. Möglich machte es vermutlich der schräge Ansatz mittels eines einfachen Drahtseils. Der angeflanschte 385-Volt-Generator vom Typ aGV 275/24 wog 900 kg und leistete 250 kW. (KHM)

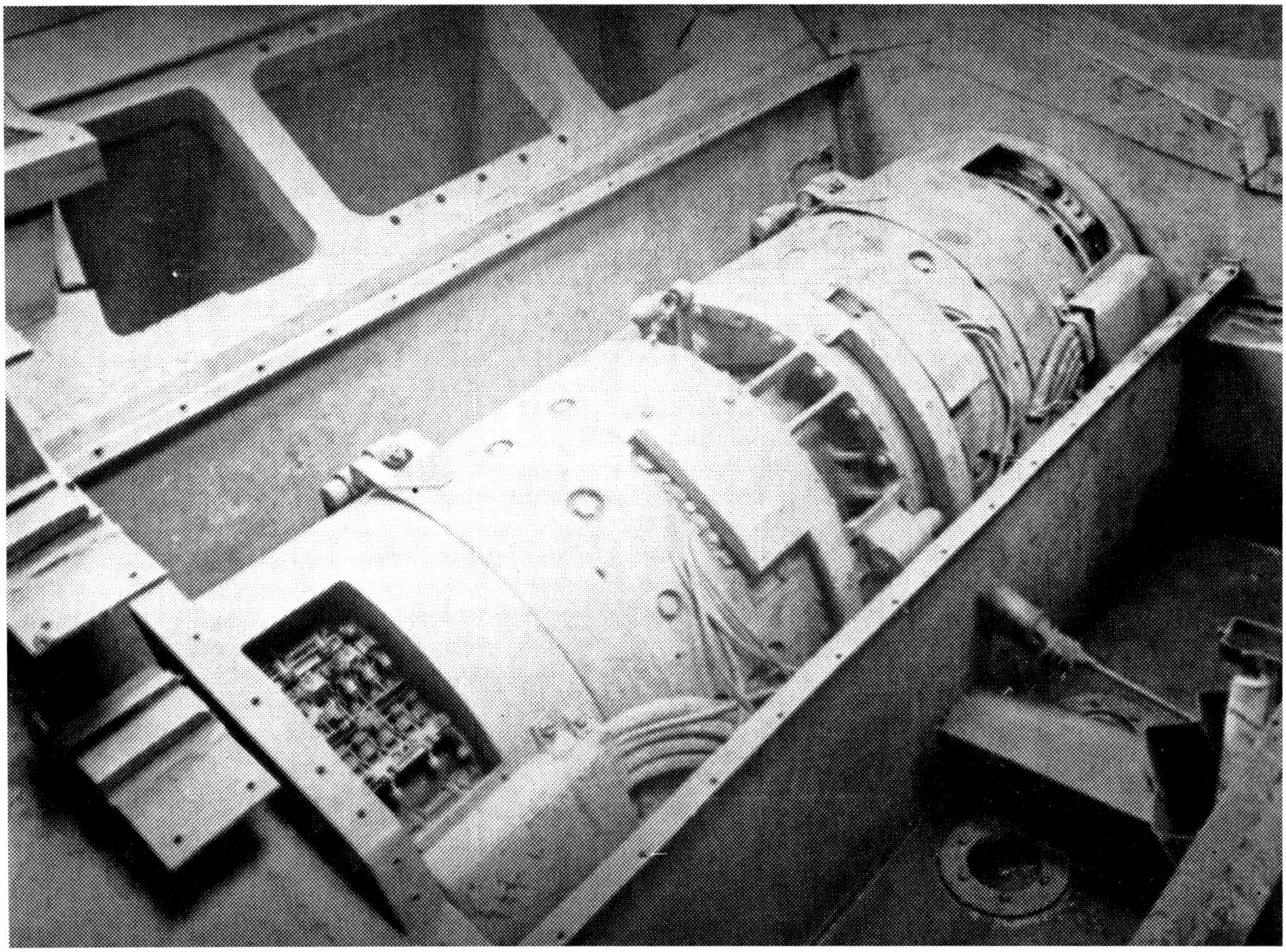

Blick in den freigelegten Elektromotorenraum, der durch ein Blech mit einer Vielzahl von Maschinenschrauben vom Kampfraum getrennt war. Ein Gleichstrom-Elektromotor vom Typ D 1495a wog 1130 kg und leistete bei 1300 U/min 230 kW. Im Hintergrund die Öffnungen für die Entlüftung der Elektromotoren-Kühlung. Zwischen beiden Motoren befand sich die mechanische Feststellbremse in Form einer Bandbremse. (WS)

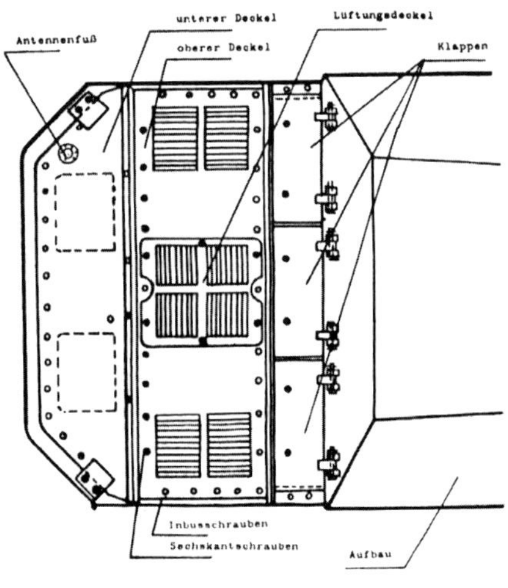

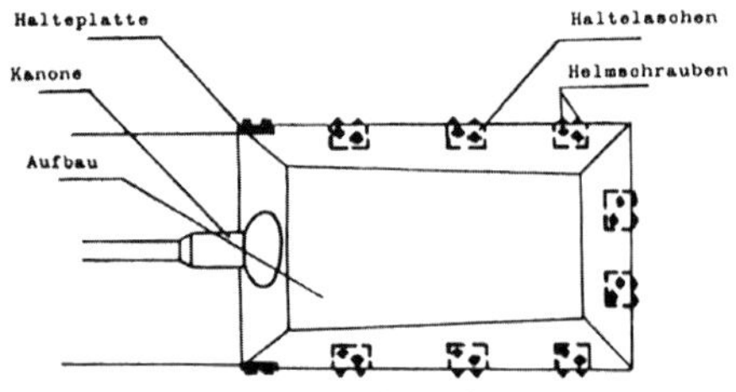

Bild A – Lage der Haltelaschen

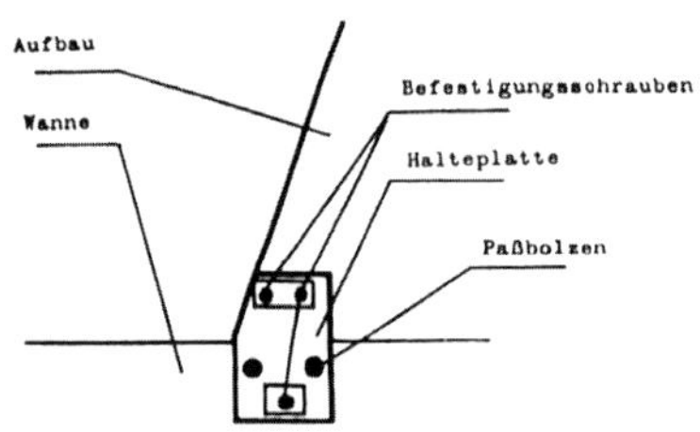

Die D 656/3 beschreibt so die vorbereiteten Arbeiten für den Aggregatewechsel.

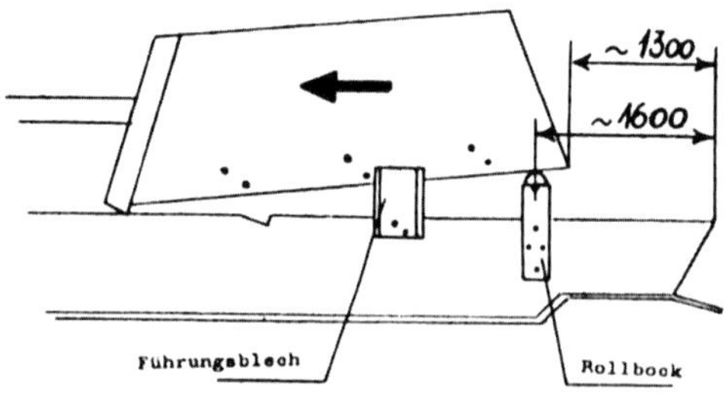

Bild E – Aufbau in vorgerückter Stellung

Nun gleichmäßiges Hochdrücken mit 2 Ratschenwinden (Bild F), bis auf jeder Seite der Rollbock in einer Entfernung von etwa 1.600 mm zwischen Wanne und Aufbau gestellt werden kann (Bilder E und F).

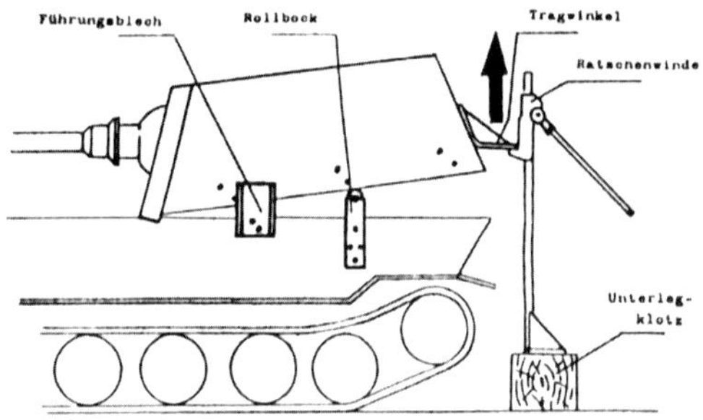

Bild F – Anheben des Aufbaus

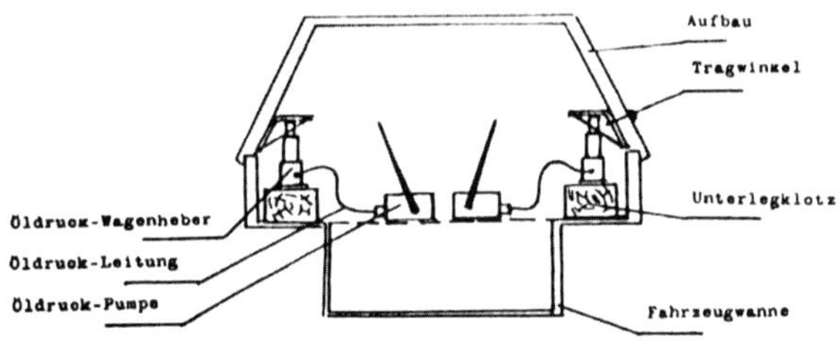

Bild G – Anbringen der Wagenheber

Die Zeichnungen verdeutlichen die Anleitung für ein Anheben des Aufbaus. (D 656)

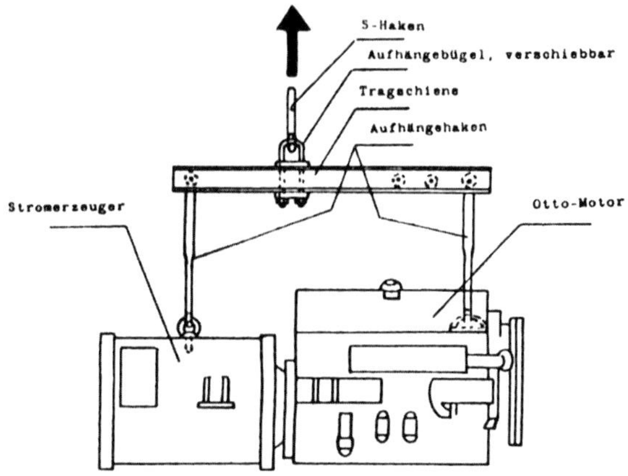

Bild J – Aufhängevorrichtung für E-Motoren

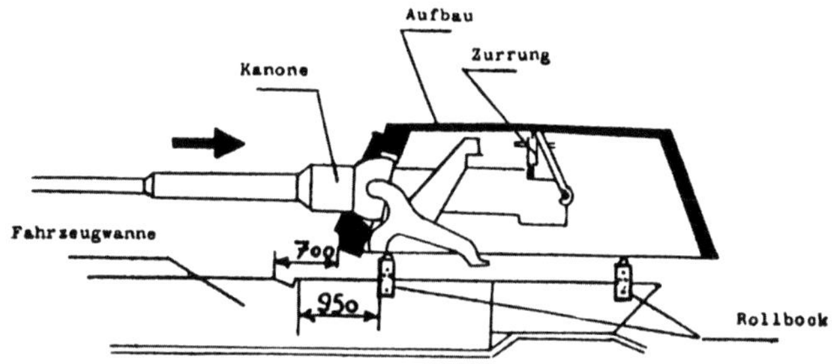

Bild K – Zurücknehmen des Aufbaus

So sah die D 656/2 den vorschriftsmäßigen Motor-Generatorwechsel vor.

Nicht nur der Aufbau, sondern auch das Geschütz musste gelöst und zurückgenommen werden. Mittels eines speziellen Anschlagmittels wurde die Einheit waagerecht herausgehoben.

Für einen Wechsel der Elektromotoren gab es leider keine so günstige Alternative. Dazu musste der Aufbau gelöst, feldmäßig mit einer Ratschenwinde von außen oder zwei Öldruckhebern von innen angehoben und etwa 1,3 m nach vorn geschoben werden. Damit der Aufbau nicht abrutschte, wurden Führungsbleche an den jetzt freien Löchern an den Wannenseiten montiert.

Abschließend noch Detail-Zeichnungen vom Obergefreiten Rolf Sabrowsky (3./653), die während der Umschulung auf den »Ferdinand« gezeichnet wurden.

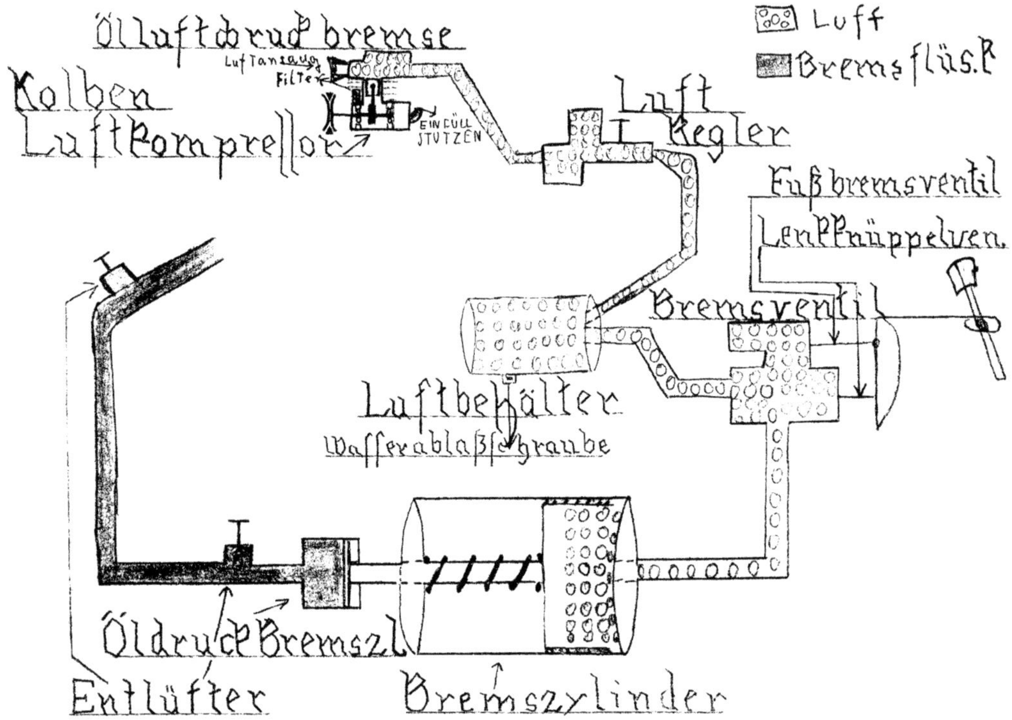

Die Skizze der druckluftunterstützten Bremsanlage. (KHM)

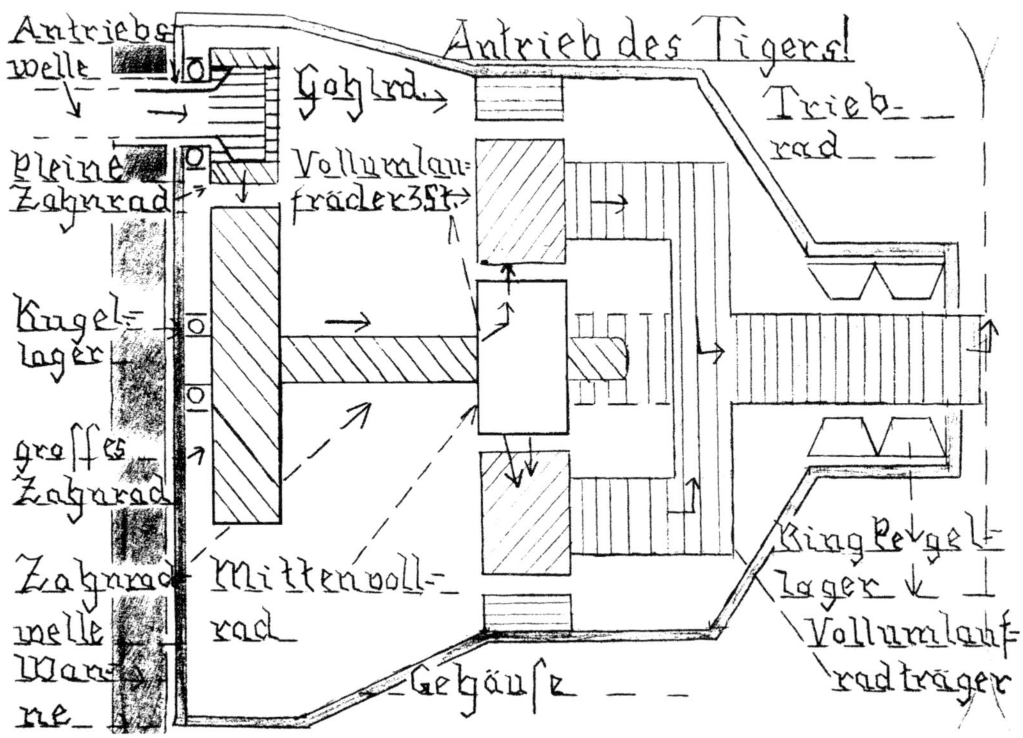

Das Seiten-Vorgelege in einer Querschnittszeichnung. (KHM)

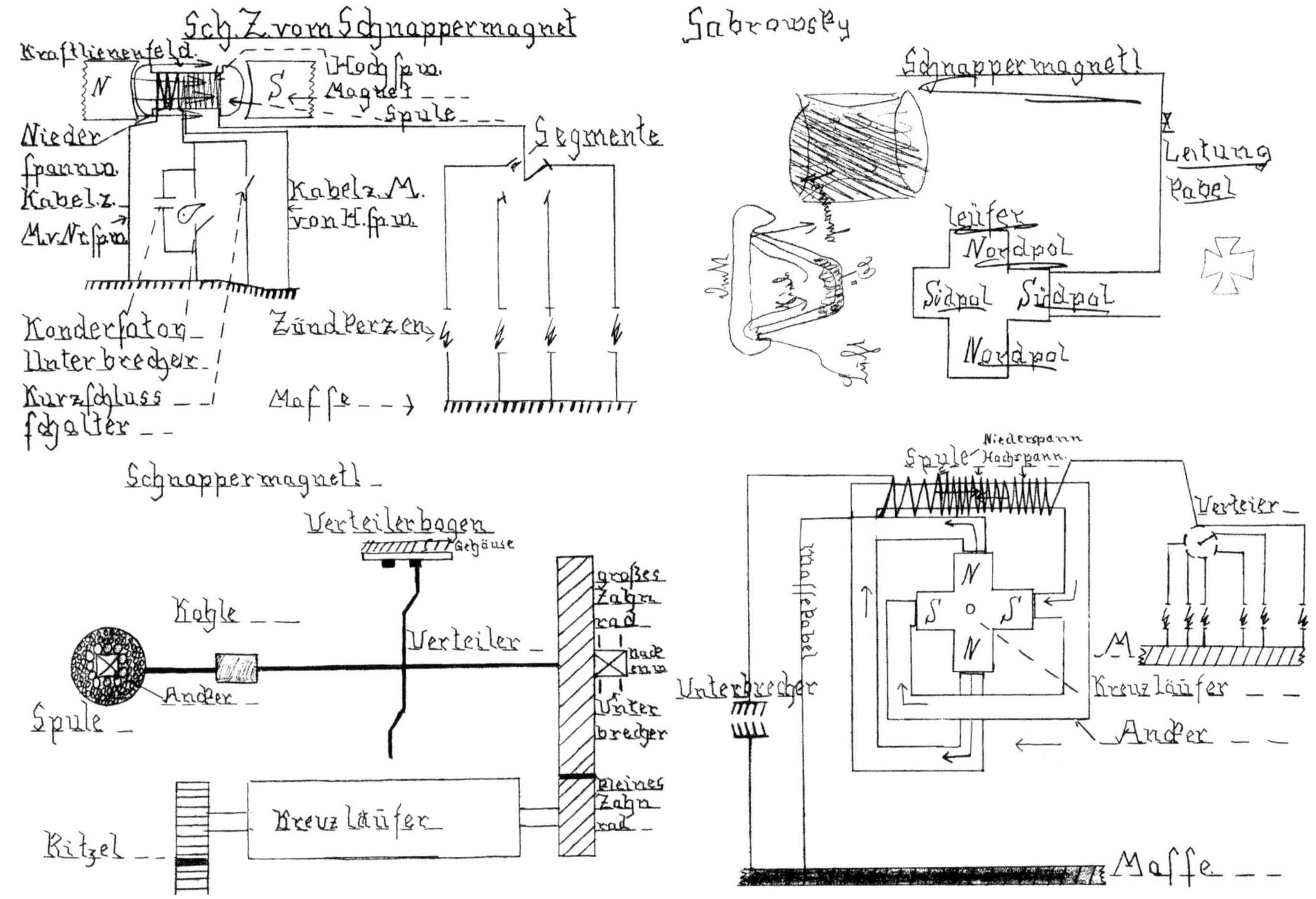

Zeichnungen der damals als Schnappermagnet bezeichneten Magnetzündung. (KHM)

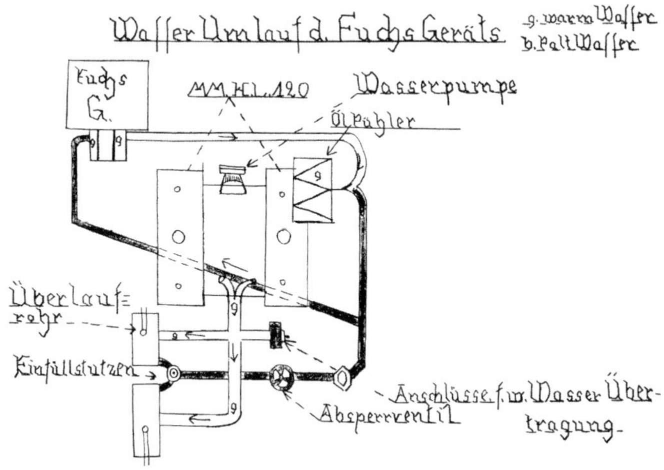

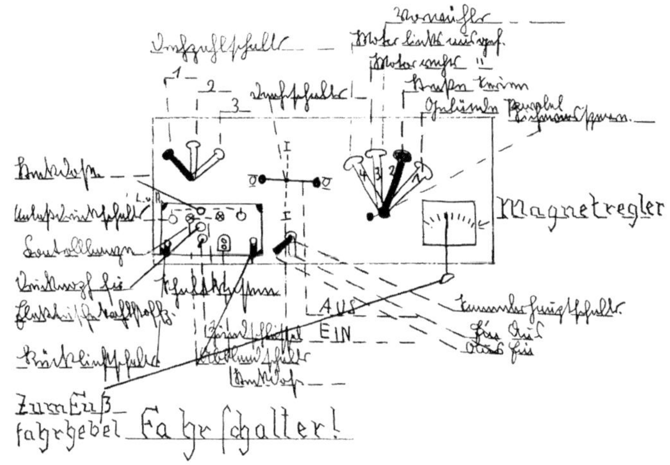

Systemzeichnung des Kühlwasserumlaufes mit dem als »Fuchsgerät« bezeichneten Kühlwasser-Vorwärmgerät. (KHM)

Die Beschriftung der Bedienelemente des Fahrschalters. (KHM)

Fazit

Herr Hilmes hatte freundlicherweise im Buch über den Porsche-Tiger einen Beitrag über die »Möglichkeiten und Grenzen eines elektrischen Antriebs für Kettenfahrzeuge« geschrieben, in dem sich als Hauptnachteil der elektrischen Kraftübertragung in Kettenfahrzeugen der erhöhte Gewichts- und Volumenaufwand herausstellte. Zudem sind die Entwicklungs- und Beschaffungskosten für diesen Antrieb um das Anderthalbfache höher als beim mechanischen Antrieb.

Zum Abschluss meiner Arbeit über den Panzerjäger Porsche möchte ich hier jedoch meine persönliche Meinung zu dem elektrischen Antrieb der im Dritten Reich entstandenen Porsche-Fahrzeuge wiedergeben. Von einer Fehlkonstruktion kann meiner Meinung nach bei den drei entstandenen Porsche-Panzerfahrzeugen nicht gesprochen werden, eher von einer Fehlentwicklung.

Die Konstruktionen des Porsche-Tigers, des Panzerjägers Porsche und des Panzerkampfwagens »Maus« waren gut durchdacht, gingen aber in die falsche Richtung. Das Konzept des elektrischen Antriebes im Panzerkampfwagen hatte einige Vorteile. Die Fahrzeuge waren bei der Truppe beliebt, da sie sich wie eine Straßenbahn fahren ließen und die Fahrwerke der ersten beiden Typen sehr wartungsfreundlich waren. Neben der leichten Bedienbarkeit konnte mittels des elektrischen Antriebes eine stufenlose Kraftabgabe auch bei diesen sehr schweren Kampffahrzeugen realisiert werden. Dies zeigte sich u.a. daran, dass die Hauptausfall-Ursache der meisten deutschen Panzer, die Vorgelege-Schäden, bei den Porsche-Fahrzeugen überhaupt kein Problem darstellten.

Das Hauptproblem dieser Porsche-Entwicklungen lag neben dem schlechteren Wirkungsgrad des Elektroantriebes hauptsächlich im sehr hohen mechanischen Verschleiß der Verbrennungsmotoren. Die von Herrn Hilmes im vorhergehenden Buch angesprochenen thermischen Belastungen des elektrischen Antriebes traten in diesen Fällen vermutlich auf Grund der geringen Fahrgeschwindigkeiten nicht in Erscheinung bzw. waren nebensächlich. Die sehr kurze Lebensdauer der Verbrennungsmotoren war das Grundproblem. Dabei waren neuentwickelte Motoren von Simmering genauso betroffen wie die bewährten Motoren der Firmen Maybach und Daimler-Benz.

- So besaß der Porsche-Tiger mit dem luftgekühlten 10-Zylinder-Simmeringmotor einen 320 PS starken Benzinmotor, der seine maximale Leistung bei 2400 U/min abgab. Bei einer Drehzahl von 1900 U/min lag das maximale Drehmoment bei 105 m/kg. Bei einer Verdichtung von 1:5,6 ergab das eine Literleistung von 21,33 PS. Der neuentwickelte Verbrennungsmotor bereitete anfangs große thermische Probleme. Die Motoren waren in den Versuchsfahrzeugen zudem schon nach etwa 300 km verschlissen. Als Ursache für den erhöhten Verschleiß wurde von Wa Prüf 6 eine ungenügende Filterung der Ansaugluft vermutet. Der weiterentwickelte Motor kam leider nicht mehr zur Anwendung.
- Bei dem zweiten Projekt, dem Panzerjäger Porsche, kam der wassergekühlte 12-Zylinder-Maybachmotor HL 120 TRM zum Einsatz. Dieser war, wie der Name »HL« schon sagt, ein Hochleistungsmotor. Er leistete 300 PS bei einer Drehzahl von 3000 U/min. Das maximale Drehmoment lag bei 79 m/kg. Bei einer Verdichtung von 1:6,5 besaß der Motor eine Literleistung von 25,21 PS. Dieser Motor war eigentlich ein ausgereifter Motor, der sich schon einige Zeit in den Panzerkampfwagen III und IV bewährt hatte. Etwa 40.000 Motoren vom Typ HL 108/120 wurden im Laufe des Krieges gefertigt. Der Motor begründete den guten Ruf der Maybachmotoren und galt als zuverlässig und langlebig. Im Panzer III besaß der HL 120 TRM selbst im sandigen Nordafrika immer noch eine durchschnittliche Lebensdauer von 2000 bis 3000 km.[34] Die 5000 Front-Kilometer Lebensdauer, wie vom Generalinspekteur der Panzertruppen gefordert, erreichten die Motoren im Panzerkampfwagen nur mit mäßigen Drehzahlen. Im Panzerjäger Porsche lag die maximale Lebensdauer dieser Maybach-Motoren dagegen nur bei 800 km. Als Ursa-

[34] W: Spielberger:

che wurden von der Verskraft neben einer ebenfalls schlechten Luftfilterung der verwendeten Mahle-Filter auch die ständig hohen Drehzahlen angeführt. Dazu muss ergänzt werden, dass die Luftfilter in der Bauart und Funktion denen der Panzer III und IV entsprachen. Diese hatten nicht dieses Problem mit der Reinigung der Ansaugluft. Einzig für den Afrika-Einsatz wurden zusätzlich Filzbalgfilter integriert.

- Das dritte Projekt war der Panzerkampfwagen »Maus«, der im ersten Versuchsfahrzeug einen wassergekühlten 12-Zylinder-Mercedes-Benz-Motor MB 509 besaß. Dieser aus dem Flugzeugmotor DB 603A entstandene Benzinmotor leistete unaufgeladen mit reduzierter Verdichtung (auf Grund des niederoktanischen Wehrmachts-Kraftstoffes) zunächst 1200 PS bei 2300 U/min, die später aufgrund des hohen Motorverschleißes auf 1080 PS reduziert wurden. Dies reichte noch für eine Literleistung von 24,27 PS. Die Laufleistung des am 10. Juli 1944 auf Grund des Verschleißes gewechselten Motors kann auf rund 100 km nur geschätzt werden, da der Verlauf der Erprobung teilweise in Betriebsstunden abgerechnet wurde. Eine Betriebsstunde entsprach in etwa einer Fahrleistung von 1,1 km (*vom 14. Januar bis 20. März 1944 lief die »Maus« 55 Betriebsstunden, was etwa einer Fahrleistung von 60 km entsprach*).

Die bei allen drei Projekten auffällig schnell verschlissenen Verbrennungs-Motoren unterschiedlichster Hersteller waren vermutlich durch die ständig hohen Motordrehzahlen bei gleichzeitig zu kleiner PS-Leistung für die Fahrzeugmasse schnell an ihre Betriebsgrenze gekommen. Die dauernd hohen Drehzahlen waren für den verwendeten Elektroantrieb nötig, um eine ausreichende elektrische Leistung zu liefern. Im Gegensatz dazu wird bei dem mechanischen Panzerantrieb ein Verbrennungsmotor in der Regel in niedrigen und mittleren Drehzahlen betrieben, was der Motor-Lebensdauer natürlich entgegenkommt.
Vermutlich hatte 1944 Professor Porsche dieses Problem erkannt, da er für seine letzten Panzerprojekte generell einen hydraulischen Antrieb bevorzugte. Als Beispiel seien hier der Panzerkampfwagen Porsche Typ 181 (*Tiger II*) mit 16-Zylinder-X-Dieselmotor Sla 16 und einem 4-Gang-Voith-Hydraulikgetriebe oder die leichten Panzerkampfwagen Porsche Typ 245 und Typ 250 mit hydraulischem Voith-Wandler genannt.

Anhang

Die Gerätebeschreibung und Bedienungsanweisung zum Fahrgestell D 656/1

Panzerjäger Tiger (P)

Gerätbeschreibung und Bedienungsanweisung zum Fahrgestell

vom 1. 5. 1943

Inhalt

Vorbemerkungen

A. Beschreibung des Fahrgestells

B. Anweisungen für den Fahrbetrieb

C. Pflegeanweisung

D. Anweisung für das Schmieren

Vorbemerkungen

Zum Panzerjäger Tiger (P) gehören noch folgende Vorschriften:

D 656/2 Panzerjäger Tiger (P)
Instandsetzungsanweisung zum Fahrgestell ohne den elektrischen Teil

D 656/3 Panzerjäger Tiger (P)
Instandsetzungsanweisung zum elektrischen Teil des Fahrgestelles.

A. Beschreibung des Fahrgestells des Panzerjäger Tiger (P)

1) Hauptteile des Fahrgestells

Das Fahrgestell besteht aus folgenden Hauptteilen:

Panzerwanne
2 Otto-Motoren mit angeflanschten Stromerzeugern
2 Elektromotoren
Fahrschalter
Schaltkasten mit Schaltbrett für Schwachstromanlage
Kühlanlage
Seitenvorgelege
Laufwerk
Gleiskette
Bremsanlage
Vordere und hintere Trennwand

2) Allgemeines

Die Panzerwanne Bild 1 ist als Fahrgestell ausgebildet. In ihr sind die Otto-Motoren mit Stromerzeugern, den Elektromotoren, das Laufwerk, die 8,8-cm-Kanone und der Aufbau eingebaut.

Bild 1 Aufbau des Panzerjäger Tiger (P) (Aufriß)

Zwei Motorensätze, bestehend aus je einem Otto-Motor und einem angeflanschten Stromerzeuger, sind im Motorraum in der Mitte der Wanne untergebracht. Zu beiden Seiten der Motoren sind Kraftstoffbehälter in den seitlichen Ausbauten eingebaut. Oberhalb der Strom-

erzeuger sind an den beiden Seitenwänden je 2 Kühler und Lüfter angebracht.
Eine vordere Trennwand trennt den Motorraum von dem vorn befindlichen Fahrer- und Funkerraum, eine hintere Trennwand von dem hinten befindlichen Kampfraum.
Der in den beiden Stromerzeugern erzeugte Strom wird zwei Elektromotoren zugeleitet, die sich im Heck des Fahrzeuges befinden. Diese treiben über eine Rutschkupplung, eine Steckwelle und ein Seitenvorgelege die Triebräder an. Die Seitenvorgelege tragen die beiden Triebräder und sind außen an den Seitenwänden der Wanne angeschraubt. Auf den Rutschkupplungen greift die Standbremse an.

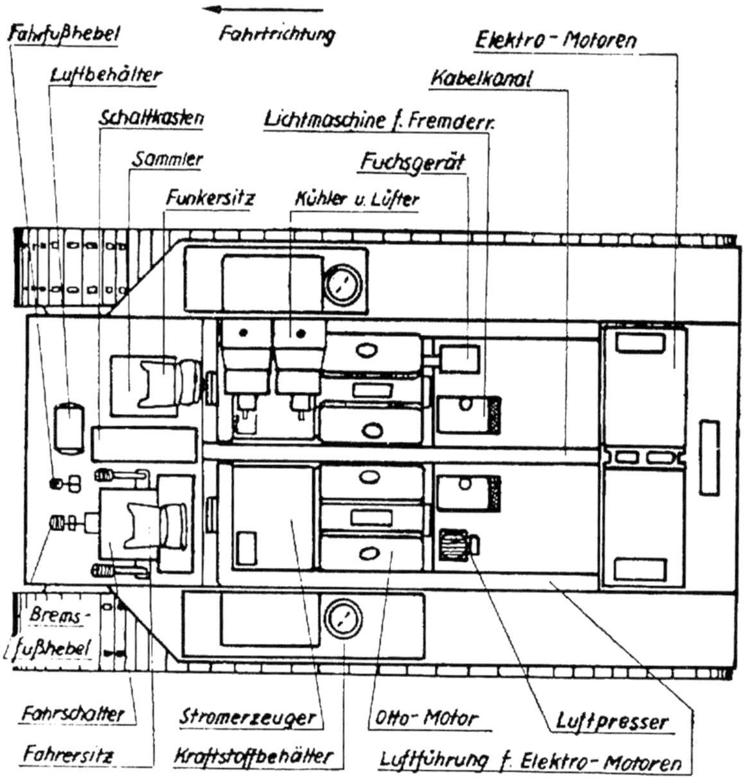

Bild 2 **Aufbau des Panzerjäger Tiger (P) (Grundriß)**

Im Vorderteil des Fahrzeuges befinden sich links der Sitz für den Fahrer und rechts der Sitz für den Funker. Unter dem Fahrersitz sind der Fahrschalter mit den Lenkhebeln, rechts vom Fahrersitz der Schaltkasten mit den Betätigungsschaltern für den elektrischen Antrieb, sowie der Handbremshebel und der Druckanzeiger der Druckluftbremsanlage, links vom Fahrer das Anzeigebrett und an der Vorderwand der Fahrfußhebel, sowie Fußbremshebel eingebaut.

Im Bug sind auf verstellbaren Kurbelachsen die Leiträder gelagert, die Zahnkränze tragen und durch die Lenkbremsen gebremst werden. Am Heck sind auf den Seitenvorgelegen die von den Elektromotoren angetriebenen Triebräder, die je zwei Zahnkränze tragen, angebaut. Zwischen Trieb- und Leitrad befinden sich auf jeder Seite des Fahrzeugs 6 Laufrollen, die paarweise aufgehängt und mit je einer Drehstabfeder abgefedert sind.
Der Panzerjäger läuft auf zwei Gleisketten, die ihm eine hohe Geländefähigkeit verleihen. Im Kampfraum ist auf einer Oberlafette schwenkbar die 8,8-cm-Kanone gelagert. Der Kampfraum wird von einem Aufbau abgedeckt, in dessen Vorderwand die Kanone mit einer Kugelblende abgedeckt ist und dessen Hinterwand mit einer Aussteigeklappe versehen ist.

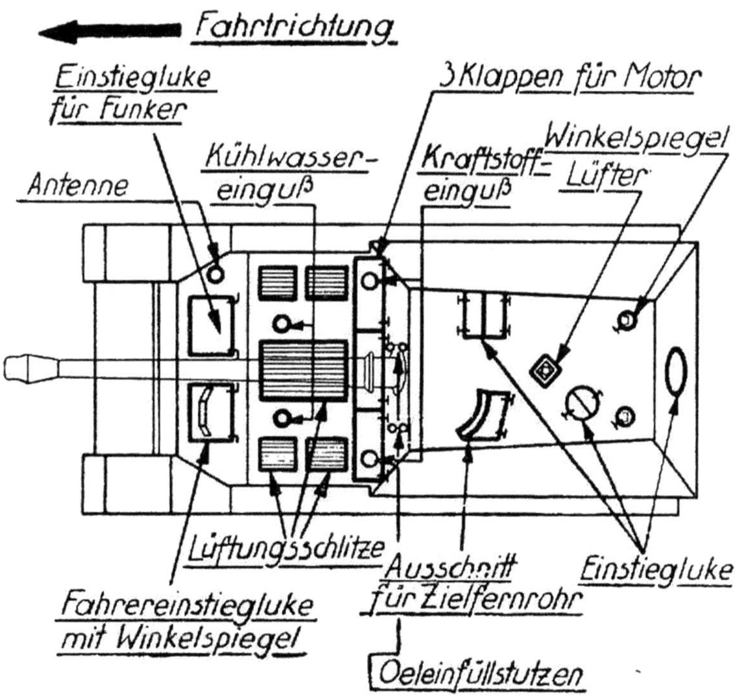

Bild 3 **Lage der Klappen in der Abdeckung und im Aufbau**

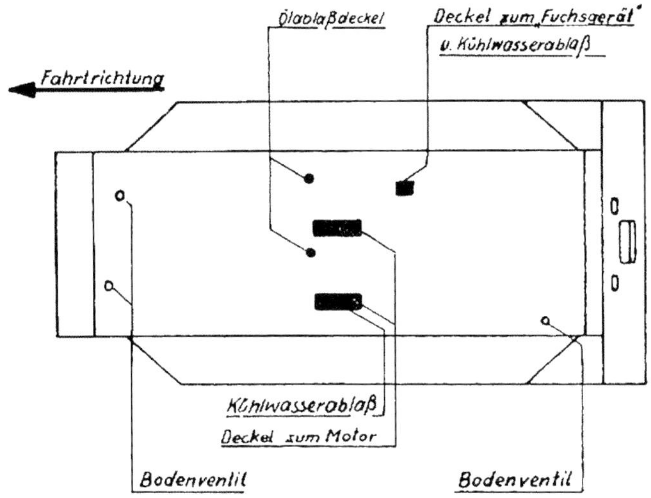

Bild 4 Lage der Klappen im Boden

3) Panzerwanne, Abdeckung und Aufbau

In der Panzerwanne, der Abdeckung und dem Aufbau sind Klappen, Deckel und Ventile angebracht, deren Lage und Zweck aus den Bildern 3 und 4 ersichtlich sind.

4) Trennwände, Bild 5

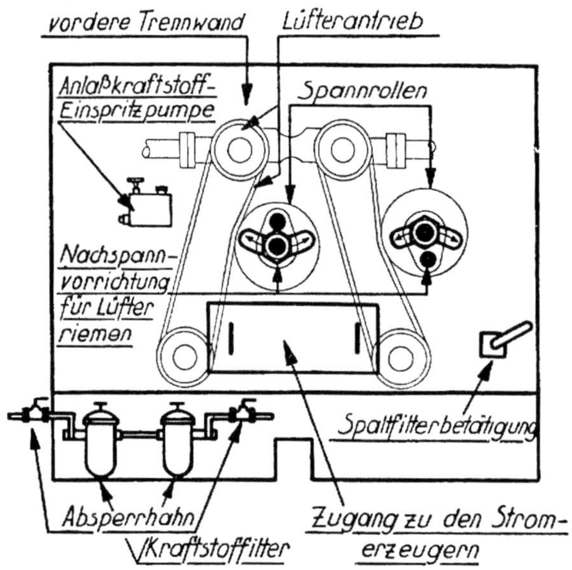

Bild 5 Vordere Trennwand

Eine vordere Trennwand trennt den Motorraum von dem Raum für Fahrer und Funker. An ihr befinden sich:

2 Riemenspanner für Keilriemen
2 Kraftstofffilter mit 2 Kraftstoffpumpen
1 Betätigungshebel für die Ölspaltfilter
1 Anlass-Kraftstoff-Einspritzpumpe.

Eine hintere Trennwand trennt den Motorraum vom Kampfraum. Hinter ihr sind angebaut:

2 Lichtmaschinen
2 Riemenspanner für Lichtmaschinen
2 Regler für die Lichtmaschinen
1 Regelventil für die Druckluftanlage
2 Lüfter für den Motorraum.

5) Otto-Motoren, Bild 6, 7

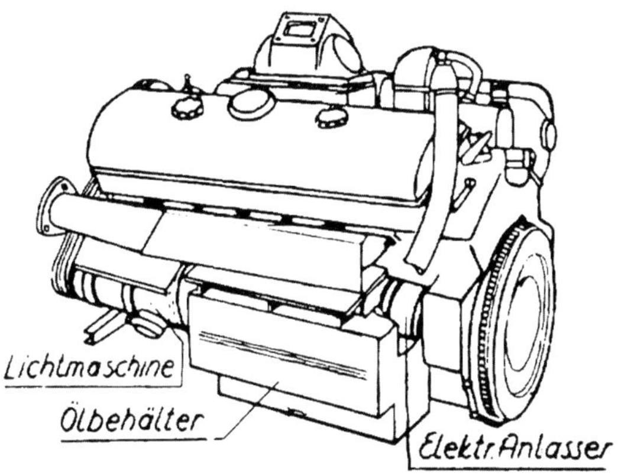

Bild 6 **Otto-Motor rechte Ansicht**

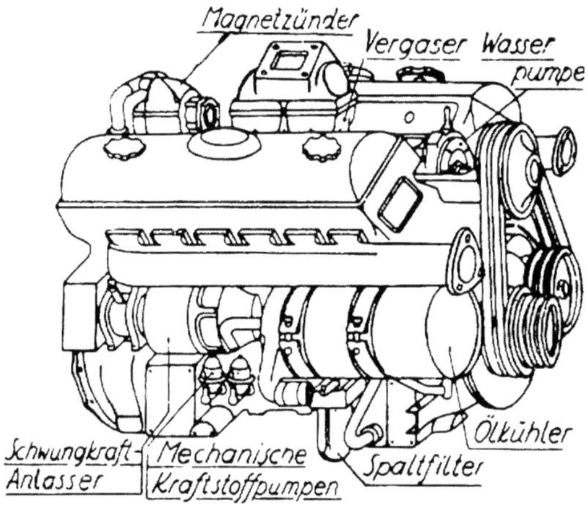

Bild 7 **Otto-Motor linke Ansicht**

Im Panzerjäger Tiger (P) sind zwei Otto-Motoren (Maybach HL 120 TRM) eingebaut, die zwei Stromerzeuger antreiben. Diese liefern den Strom zum Antrieb der Elektromotoren. Jeder der beiden Otto-Motoren ist mit einem Stromerzeuger zusammengeschraubt und gemeinsam mit ihm in der Wanne gelagert.

Das Gehäuse des Otto-Motors besteht aus 4 Teilen:
dem Zylinderkurbelgehäuse mit 2 V-förmig angeschlossenen Zylinderreihen
den beiden Zylinderköpfen und dem Kurbelgehäuse-Unterteil.

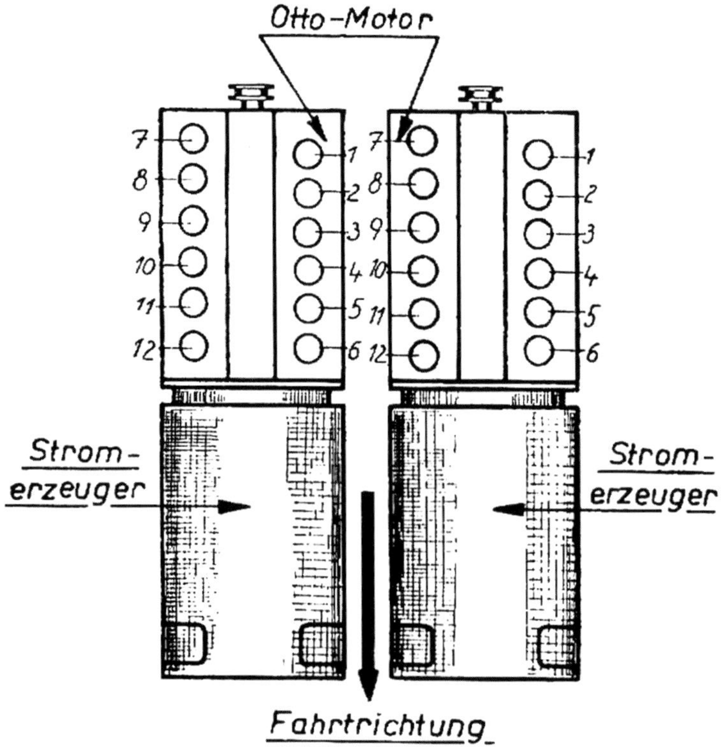

Bild 8 **Anordnung der Zylinder**

Die 12 Zylinder sind in zwei Reihen versetzt angeordnet, Bild 8.
Ihre Bezeichnung zählt in Fahrtrichtung:
Links hinten nach vorn, Zylinder 1 – 6,
Rechts hinten nach vorn, Zylinder 7 – 12.
Die Zündfolge ist: 1 – 12 – 5 – 8 – 3 – 10 – 6 – 7 – 2 – 11 – 4 – 9.
Zwischen dem Zylinderkurbelgehäuse und dem Kurbelgehäuse-Unterteil ist die 6-mal gekröpfte Kurbelwelle in sieben Rollenlagern gelagert. 2 Pleuelstangen sitzen auf einem Kurbelzapfen.
In dem Zylinderkurbelgehäuse sind 12 Zylinderlaufbuchsen eingezogen. Sie werden vom Kühlwasser umspült, sind durch zwei Gummiringe gegen das Kurbelgehäuse abgedichtet und werden an ihrer Oberfläche mit einem Bund gegen eine abgesetzte Ringfläche abgepresst.
Die Ventile sind in den beiden Zylinderköpfen schräg hängend angeordnet. Sie werden durch die in den Zylinderköpfen siebenfach gelagerten Nockenwellen über Kipphebel gesteuert.
Die beiden Nockenwellen und der zwischen den Zylinderköpfen aufgesetzte Magnetzünder mit Abschnappkupplung werden durch Stirnräder angetrieben. Die Kolben sind aus Leichtmetall gefertigt und haben drei Verdichtungsringe, sowie zwei Ölabstreifringe. Die Kolbenbolzen sind schwimmend gelagert und durch zwei Seegerringe gesichert.

An jedem Otto-Motor sind ein- bzw. angebaut:

2 Ölabsaugpumpen
1 Druckölpumpe
1 Ölspaltfilter
1 Wasserpumpe – angetrieben von der Kurbelwelle durch
1 Lichtmaschine – gemeinsame Keilriemen
2 mechanische Kraftstoffpumpen, angetrieben von der Ölpumpenwelle
2 Solex-Zweistufen-Fallstrom-Geländevergaser mit eingebauter Anlassvorrichtung
1 elektrischer Anlasser
1 Schwungkraft-Anlasser
1 Ölbehälter
1 Ölkühler

Innerhalb des Motorraumes befinden sich ferner:

2 Kraftstoffbehälter
4 Wasserkühler mit Lüftern.

Außerhalb des Motorraumes befinden sich:

8 Luftfilter
2 Lüfter.

Zur Verringerung der Bauhöhe und mit Rücksicht auf mögliche Schräglagen des Panzerjäger Tiger (P) ist die Schmieranlage als Trockensumpfschmierung ausgebildet. Bild 9.

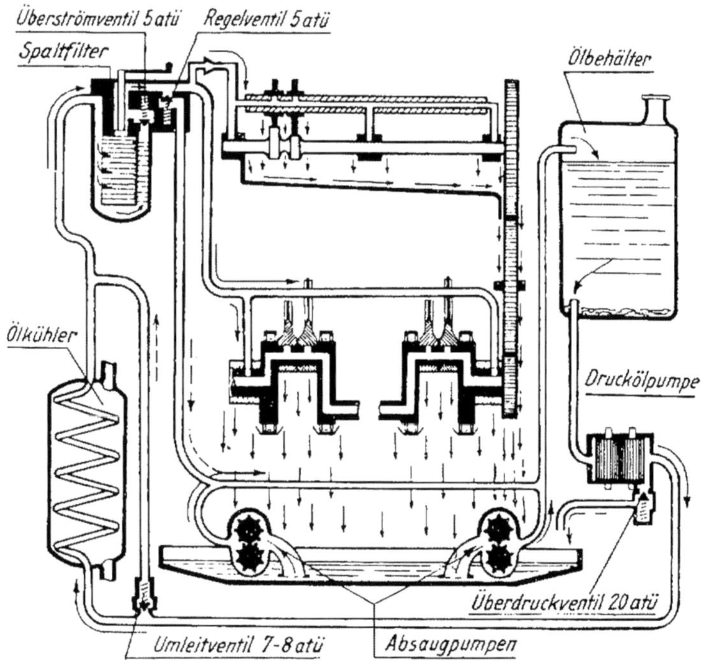

Bild 9 Trockensumpfschmierung

Eine Druckölpumpe, die gemeinsam mit den beiden Absaugpumpen über ein Stirnrad und eine Antriebswelle angetrieben werden, drückt das Öl aus dem rechts neben dem Motor gelagerten Ölbehälter über einen Ölkühler und einen Ölspaltfilter zu den Schmierstellen des Motors. Im Ölkühler wird das Motoröl durch das Kühlwasser gekühlt und im Spaltfilter von Verunreinigungen befreit. Durch eine Schmierölleitung wird das Öl über zwei an den beiden Enden der Kurbelwelle befindliche Öleinführungslager und die hohl gebohrte Kurbelwelle zu den einzelnen Pleuellagern gefördert. Die Rollenlager der Kurbelwelle und die Kolbenbolzenlager werden durch Spritzöl geschmiert. Durch zwei weitere Ölleitungen wird das Öl in die beiden Zylinderköpfe über die Kipphebelwellen zu den Kipphebellagern mit Kipphebelrollen, sowie zu den Lagern der Nockenwellen gepumpt. Zwei Absaugpumpen fördern das von den Lagern in das Kurbelgehäuse fließende Öl in den Ölbehälter zurück.
Die Öldruckpumpe ist gegen Überlastung mit einem 20 atü-Überdruckventil versehen. Ein zweites Ventil von 7 – 8 atü ermöglicht ein Umgehen des Ölkühlers, wenn das durch Kälteeinwirkung dickflüssige Öl im Ölkühler starken Widerstand findet. Ein Ventil von 5 atü sitzt im Spaltfilter Bild 10 und öffnet sich bei verstopftem Filter.

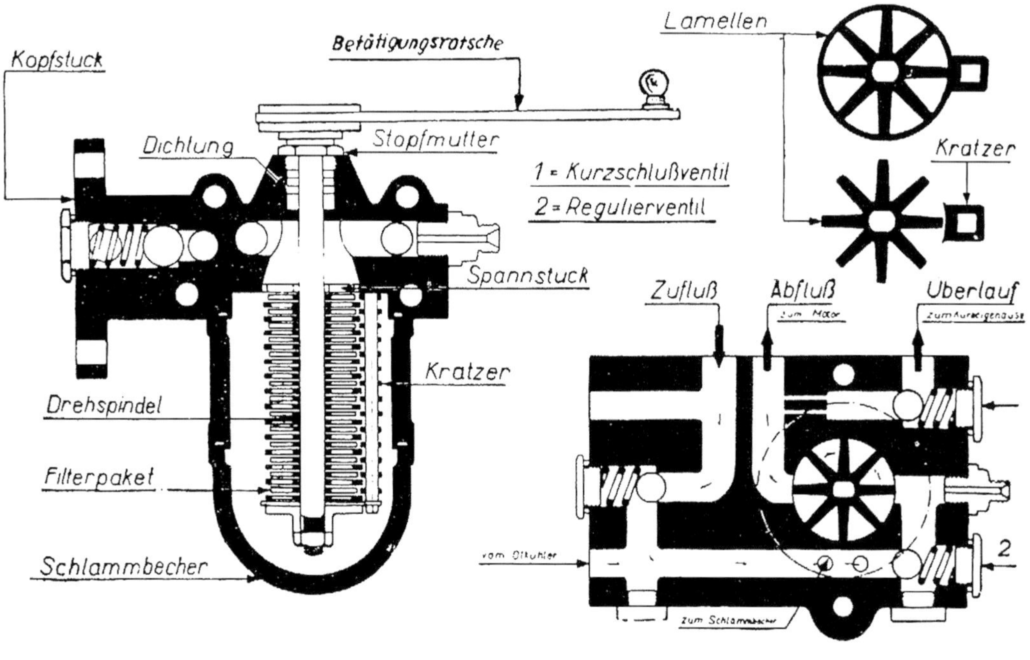

Bild 10 Ölspaltfilter

Das jetzt folgende Ölregelventil regelt den Öldruck auf 5 atü. Die Ölspaltfilter werden durch Betätigen eines an der vorderen Trennwand hinter dem Fahrer angebrachten Hebels, der über einen Zug an den Betätigungsratschen angreift, gereinigt.

b) Kühlung, Bild 11

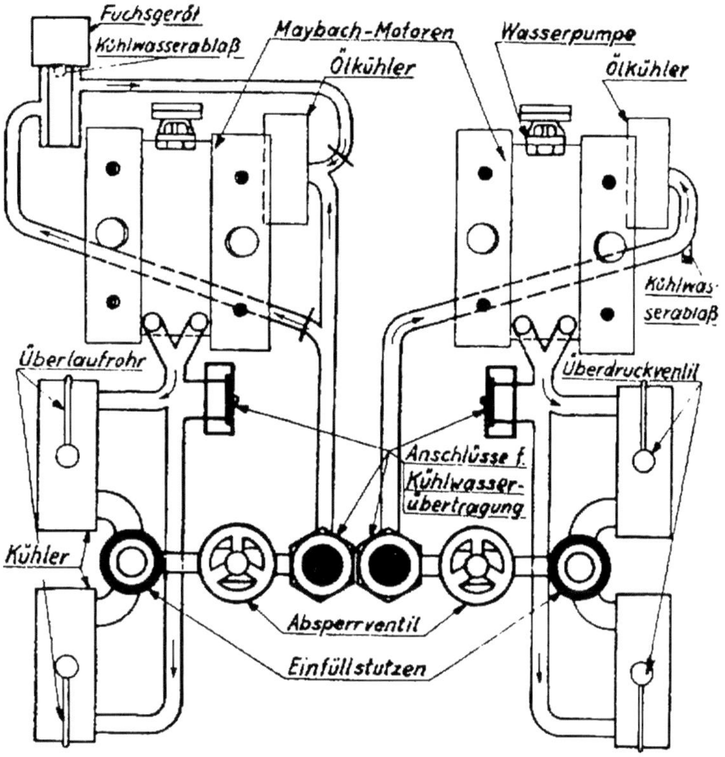

Bild 11 **Gesamtanordnung der Kühlanlage**
(Fuchsgerät ist nur bei einem Teil der Panzerjäger eingebaut)

Der Umlauf des Kühlwassers eines jeden Otto-Motors wird durch eine Kreiselpumpe bewirkt, die gemeinsam mit der Lichtmaschine durch zwei Keilriemen angetrieben wird. Über jedem Stromerzeuger befinden sich zwei Kühler, die mit Ausgleichsrohren miteinander verbunden sind. Die Rohrleitungen zwischen den Otto-Motoren und den Kühlern sind durch Ventile abzuschließen, so dass beim Anlassen bei Kälte und bei der Kühlwasserübertragung die Kühlflüssigkeit nur in den Kühlräumen der Otto-Motoren umlaufen kann.
Anschlüsse ermöglichen die Übertragung der warmen Kühlflüssigkeit eines anderen Panzerkampfwagens oder Panzerjägers in den anzulassenden Panzerjäger. Überdruckventile öffnen sich, wenn die Temperatur des Kühlwassers 195 °C überschreitet. Aus diesem Ventil abblasender Dampf wird durch Rohrleitungen abgeführt.

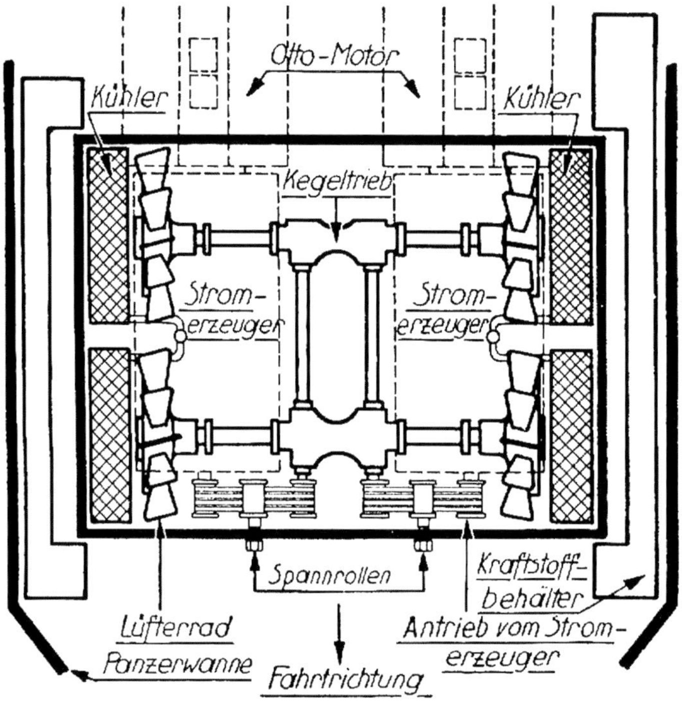

Bild 12 **Antrieb der Lüfter**

Die beiden Lüfter Bild 12 je eines Otto-Motors werden über je 4 Keilriemen von Riemenscheiben auf dem freien Wellenende des Stromerzeugers und zwei Kegelgetriebe angetrieben. Die Keilriemen werden durch Verstellen einer auf einer Kurbel gelagerten Spannrolle vom Fahrerraum aus gespannt.

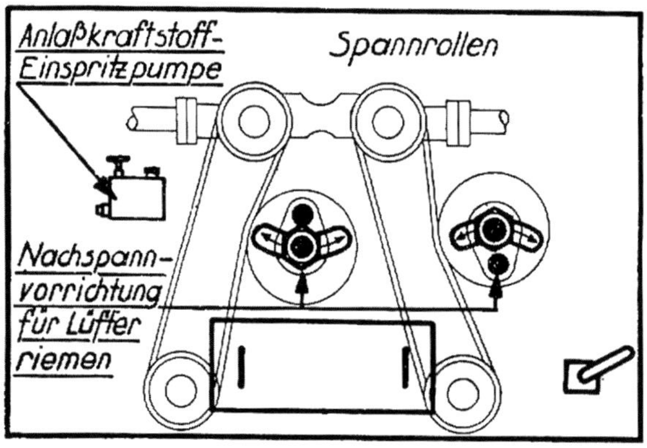

Bild 13 **Riemenspannung der Lüfter**

*c) **Vergaser,*** Bild 15

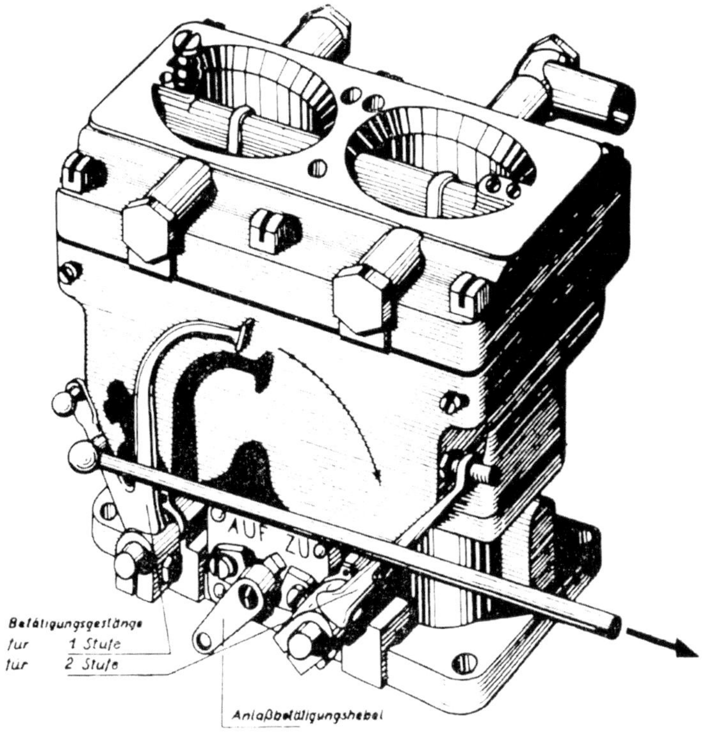

Bild 15 Vergaser

Das Kraftstoff-Luftgemisch für jeden Otto-Motor wird in zwei Solex-Zweistufen-Fallstrom-Geländevergasern erzeugt, von denen je einer auf die Ansaugleitung einer Zylinderreihe arbeitet.
Jeder Zweistufen-Vergaser besteht aus zwei einzelnen Vergasern, von denen der zweite erst bei weit durchgetretenem Fahrfußhebel wirksam wird. Die im gleichen Gehäuse eingebaute Anlassvorrichtung ermöglicht ein gutes Anspringen des Otto-Motors. Betätigt wird diese Anlassvorrichtung über ein Gestänge, durch einen rechts hinter dem Fahrersitz befindlichen Handhebel. Der Kraftstoffstand im Vergaser wird durch zwei Schwimmernadelventile geregelt, die von je zwei Schwimmern über eine Ausgleichswelle betätigt werden. Der Kraftstoff tritt vom Schwimmergehäuse in zwei Hauptdüsen, die mit ihrem Bund nach oben in den Düsenstock einzusetzen sind. Der Luftstrom, der durch einen Lufttrichter an dem Düsenstock vorbeiströmt, reißt Kraftstoff aus der Düse, zerstäubt ihn und vermischt sich mit ihm zu einem zündfähigen Kraftstoff-Luftgemisch. Eine Drosselklappe regelt die Menge des angesaugten Kraftstoff-Luftgemisches und damit die Motorleistung.
Bei kleiner Drehzahl des Motors reicht der Luftstrom im Lufttrichter nicht aus, um ausreichend Kraftstoff aus der Düse herauszureißen.

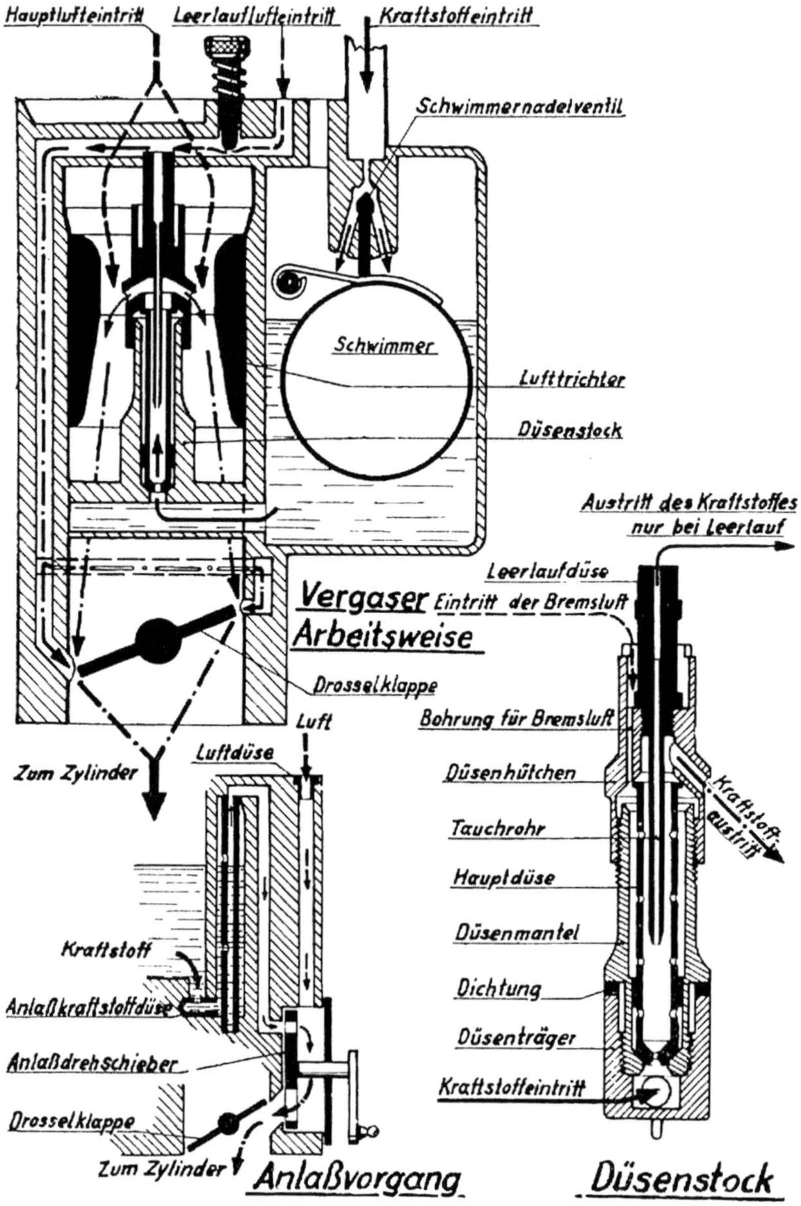

Bild 14 Arbeitsweise des Vergasers

Durch den engen Luftkanal der Leerlaufeinrichtung Bild 14, der an der beim Leerlauf fast geschlossenen Drosselklappe austritt, saugt die hier schnell strömende Ansaugluft Kraftstoff durch die Leerlaufdüse aus der Hauptdüse. Hierdurch wird ein zündfähiges Kraftstoff-Luft-

gemisch erzeugt, das durch eine Regelschraube, die oben im Vergaser sitzt, zu regeln ist.
In der Anlassvorrichtung Bild 14 wird ein fettes Kraftstoff-Luftgemisch mit einem hohen Anteil Kraftstoff erzeugt, das auch bei Kälte ein Anspringen des Motors ermöglicht. Beim Betätigen der Anlassvorrichtung wird ein Kanal zum Ansaugrohr geöffnet, Luft durch eine Luftdüse und Kraftstoff durch eine Kraftstoffdüse und einem Tauchrohr angesaugt. Kraftstoff und Luft mischen sich in einem Mischraum und treten unter der beim Anlassen geschlossenen Drosselklappe in das Ansaugrohr.

d) Luftfilter, Bild 16

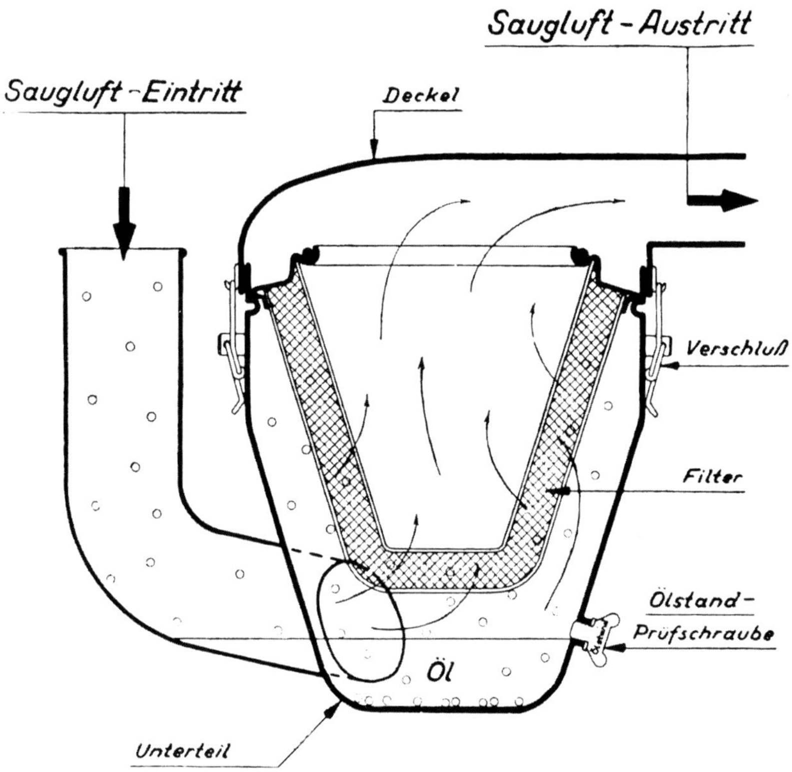

Bild 16 **Luftfilter „Mahle"**

Die acht Luftfilter haben die Aufgabe, die Ansaugluft zu reinigen. Sie sind durch ein Gabelrohr mit den Vergasern verbunden. Die Luft wird beim Durchtritt durch die ölbenetzten Einsätze der Luftfilter von Staub- und Schmutzteilchen befreit und gelangt so gereinigt zu den Vergasern.

e) Anlasser

Zum Anlassen der Otto-Motoren sind je ein elektrischer und je ein Schwungkraftanlasser vorhanden. Die elektrischen Anlasser auf der rechten Seite der Otto-Motoren werden durch zwei auf dem Schaltbrett angebrachte Druckschalter betätigt. Die Schwungkraftanlasser Bild 17 liegen auf der linken Seite der Otto-Motoren und werden über eine Gelenkwelle von den in der hinteren Trennwand gelagerten Andrehklauen durch Hereinführen einer Handkurbel aufgezogen.

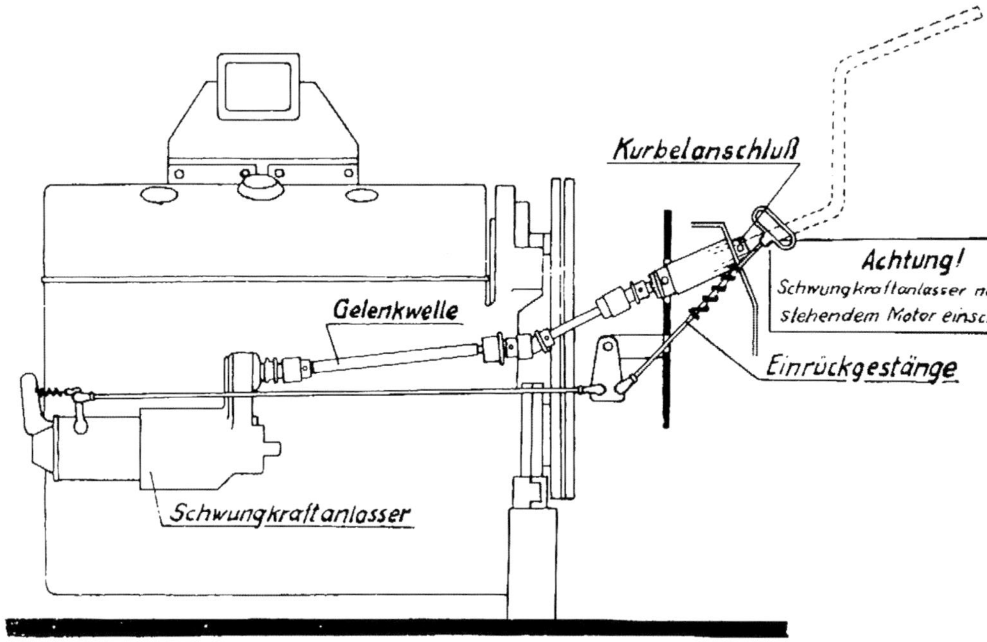

Bild 17 **Schwungkraftanlasser**

f) Kraftstofflagerung und Förderung, Bild 18

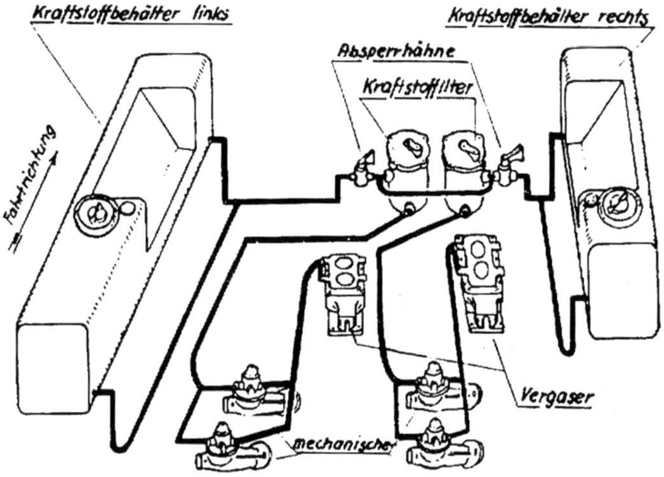

Bild 18 **Kraftstofflagerung und Förderung**

Der Kraftstoff wird in zwei Behälter eingefüllt, die sich zu beiden Seiten des Motorraumes in den Ausbauten über den Gleisketten befinden. Die Einfüllöffnungen sind durch Klappen der Motorabdeckung zugänglich. Der Kraftstoff fließt durch zwei Leitungen, die durch je einen Kraftstoffhahn abgesperrt werden können, den Kraftstofffiltern, Bild 19, vor der vorderen Trennwand im Fahrerraum zu.

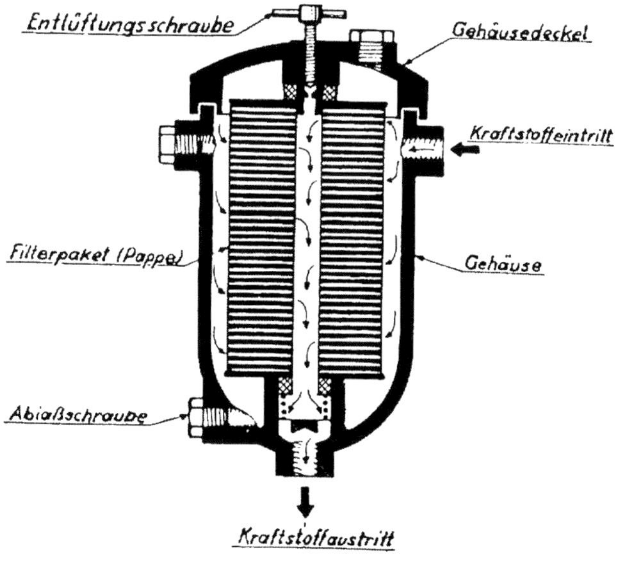

Bild 19 **Kraftstoffilter**

Während des Betriebes fördern vier, von den Otto-Motoren angetriebene mechanische Kraftstoffpumpen, Bild 20, den Kraftstoff in die Vergaser.

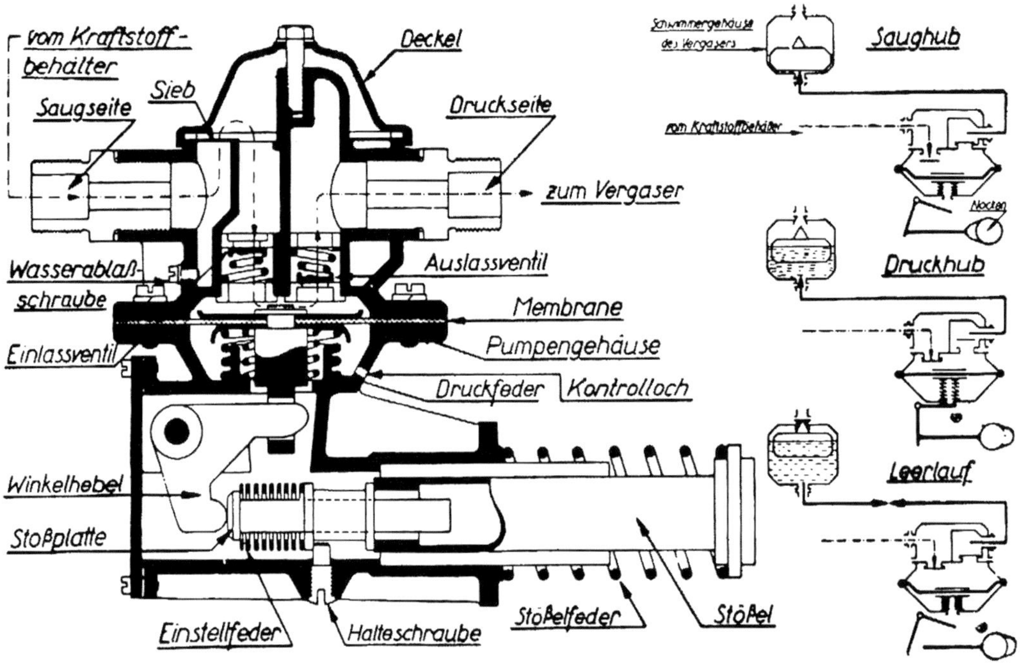

Bild 20 **Mechanische Kraftstoffpumpe**

Eine Freilaufvorrichtung in diesen Kraftstoffpumpen schaltet selbsttätig die Kraftstoffförderung, wenn die Vergaser gefüllt sind.
Zum Erleichtern des Anspringens der Otto-Motoren bei Frostwetter ist eine Anlasskraftstoff-Einspritzpumpe an der vorderen Trennwand hinter dem Funkersitz eingebaut. Sie fördert Anlasskraftstoff in die Ansaugleitung und zerstäubt ihn durch eingebaute Düsen.

6) Stromerzeuger, Bild 21, 22

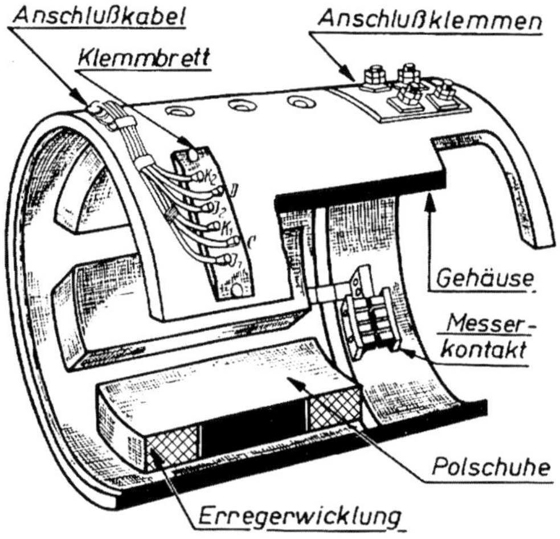

Bild 21 Stromerzeuger- und Elektromotor-Gehäuse

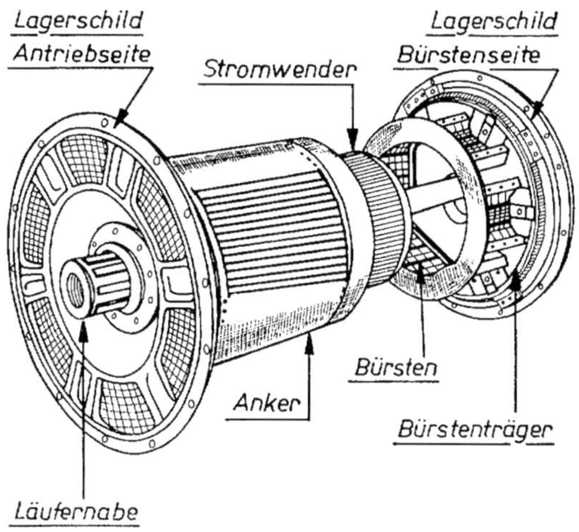

Bild 22 Stromerzeuger- und Elektromotor-Anker

Die Leistung der zwei Otto-Motoren wird in zwei Stromerzeugern in elektrischen Strom umgewandelt und den Elektromotoren zugeleitet, die das Fahrzeug antreiben. Je ein Stromerzeuger ist mit einem Otto-Motor zusammengeflanscht. In dem Gehäuse des Stromerzeugers sind auf Polen mit Polschuhen Spulen, die das magnetische Feld erzeugen, und ein Klemmbrett eingebaut. Im Gehäuse läuft zwischen den Polen ein Anker, der auf der einen Seite an der Schwungscheibe des Otto-Motors und auf der anderen Seite mit Rollenlagern in dem Lagerschild gelagert ist. Er trägt Wicklungen, die an den Stromwender angeschlossen sind. Wird der Anker des Stromerzeugers vom Otto-Motor in Drehung versetzt, entsteht in den Wicklungen des Ankers ein Strom, der in den Stromwender fließt und von den Stromübertragungsbürsten abgenommen wird. Die Stromübertragungsbürsten werden in Gruppen zu je 10 Bürsten in 6 Bürstenhaltern gehalten. Die Bürstenhalter sitzen auf einem drehbaren Bürstenträgerring, der im Lagerschild gelagert ist. Von den Bürsten fließt der Strom über ein Klemmbrett, Kabel und Fahrschalter den Elektromotoren zu, setzt diese in Bewegung und treibt das Fahrzeug an. Die Kühlluft für den Stromerzeuger liefert ein am Anker angebauter Lüfter. Ein zweiter am Anker angebauter Lüfter versorgt über je einen Luftkanal je einen Elektromotor mit Kühlluft. Eine Keilriemenscheibe ist am freien Wellenende gelagert und treibt die Lüfter für die Kühler der Otto-Motoren an.

7) Elektromotoren, Bild 21, 22

Zwei Elektromotoren, die ähnlich wie Stromerzeuger aufgebaut sind, werden am Heck des Panzerjägers eingebaut und treiben das Fahrzeug an. Die Gehäuse der Motoren werden mit Spannbändern in der Wanne unterhalb des Kampfraumes gehalten. Sie tragen auf Polen mit Polschuhen die Spulen, die das magnetische Feld erzeugen, und ein Klemmbrett. Die Stromübertragungsbürsten werden in Gruppen zu je 10 Bürsten in 6 Bürstenhaltern gehalten. Die Bürstenhalter sitzen auf einem drehbaren Bürstenträgerring, der im Lagerschild gelagert ist. Im Gehäuse läuft zwischen den Polen ein Anker, der mit Wälzlagern in zwei Lagerschilden gelagert ist. Er trägt Wicklungen, die zum Stromwender führen. Der über das Klemmbrett dem Elektromotor von den Stromerzeugern zugeführte Strom erzeugt in den Spulen ein magnetisches Feld, fließt über die Stromübertragungsbürsten und den Stromwender in die Wicklungen des Ankers und versetzt den Anker in Drehung.

8) Kraftübertragung vom Elektromotor zum Kettenantrieb

a) Rutschkupplung, Bild 23

Auf der Ankerwelle eines jeden Elektromotors ist eine Rutschkupplung eingebaut, die den Elektromotor vor Beschädigungen bei Überlastungen schützt. In der Rutschkupplung werden Kupplungsscheiben durch Federn zusammengedrückt, die beim Überschreiten einer bestimmten Belastung aufeinander gleiten und so den Kraftfluss unterbrechen.

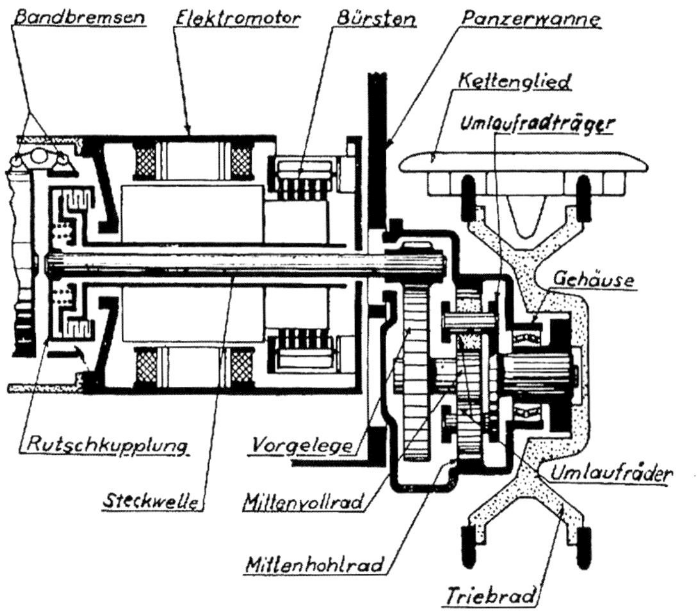

Bild 23 Kraftübertragung

b) Steckwelle, Bild 23
Die Drehbewegung des Elektromotors überträgt eine Steckwelle von der Rutschkupplung zum Seitenvorgelege. Sie greift mit Keilnutenverzahnung in die Kupplung und das Antriebsritzel des Seitenvorgeleges ein und wird durch die Hohlwelle des Ankers geführt.

c) Seitenvorgelege, Bild 23
Im Seitenvorgelege sitzt eine Stirnrad-Untersetzung und ein Umlauftrieb setzt die Drehzahl des Elektromotors auf die des Triebrades herab. Das Triebrad ist im Gehäuse des Seitenvorgeleges mit Wälzlagern gelagert und trägt zwei Zahnkränze, die in die Gleiskette eingreifen und sie antreiben.

9) Steuerung der Maschinen

Die Kraft, die den Panzerjäger fortbewegt, wird von den Otto-Motoren erzeugt, von den Stromerzeugern in elektrischen Strom umgewandelt und in die Elektromotoren geleitet, die das Fahrzeug antreiben.
Änderungen der Geschwindigkeit und der Fahrtrichtung des Panzerjägers werden durch Verstärkung oder Schwächung der Stromzufuhren zu den Elektromotoren verursacht.
Der Fahrfußhebel, mit dem der Fahrer die Fahrgeschwindigkeit regelt, betätigt durch Züge die Drosselklappen an den Vergasern der Otto-Motoren und gleichzeitig einen Regler für die Stromerzeuger. Durch die Verstellung der Drosselklappen werden die Leistung und die Drehzahl der Otto-Motoren geregelt und durch die Betätigung des Reglers wird der Strom, der von den Stromerzeugern in die Elektromotoren fließt, verstärkt oder geschwächt.
Der Regler ist in dem Schaltkasten rechts neben dem Fahrersitz eingebaut, Bild 24.
Ein im Schaltkasten untergebrachter Vorwähler, Bild 24, schaltet in Stellung 1 beide Stromerzeuger ein und ermöglicht in Stellung 3 und 4 die Abschaltung eines beschädigten Stromerzeugers.
Die Schalterstellung 2 ist außer Betrieb gesetzt.
Die Drehzahl des Otto-Motors, die bei Geländefahrt hoch und bei Straßenfahrt niedrig sein soll, wird durch einen Drehschalter, Bild 24, im Schaltkasten (Stellung 1, 2, 3) geregelt.

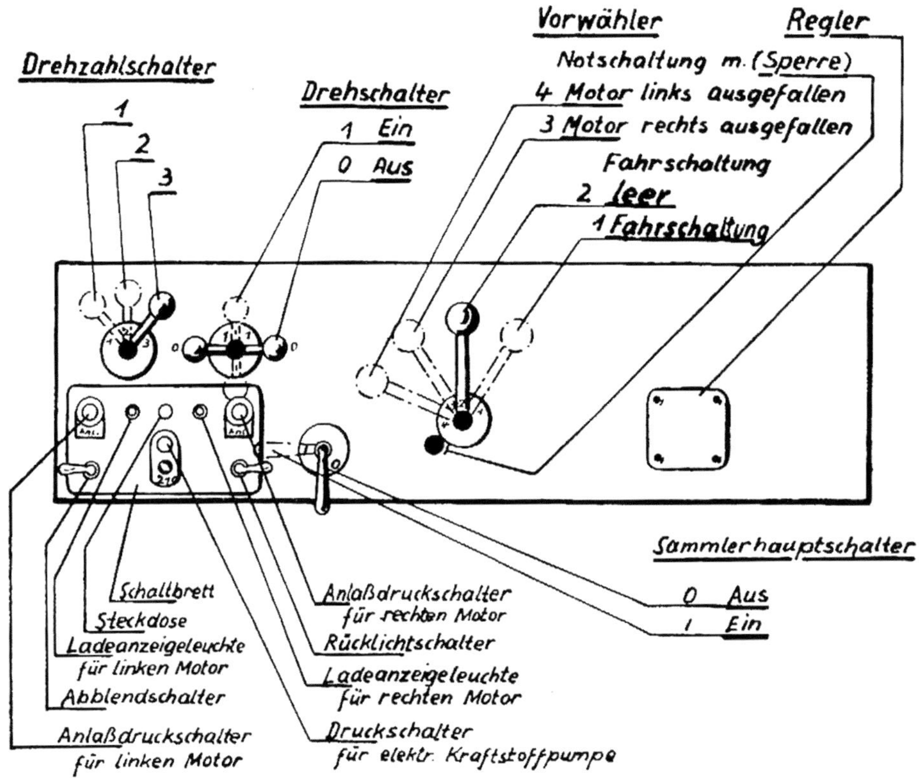

Bild 24 Schaltkasten

10) Fahrschalter

Durch Änderung der Geschwindigkeit beider Gleisketten wird der Panzerjäger gelenkt. Beim Durchfahren einer Kurve treibt der im Kurveninneren liegende Elektromotor die Gleiskette mit geringerer Kraft als der im Kurvenäußeren liegende Elektromotor an. Die im Kurveninnern liegende Gleiskette läuft infolgedessen langsamer und das Fahrzeug führt eine Lenkbewegung aus. Beim Durchfahren einer engen Kurve wird die innen liegende Gleiskette noch zusätzlich abgebremst.

Der Fahrer, der beim Lenken den einen Lenkhebel anzieht, verstellt hiermit einen unter seinen Sitz im Fahrschalter eingebauten Regler, Bild 25. Beim Bremsen werden dagegen beide Lenkhebel zurückgezogen.

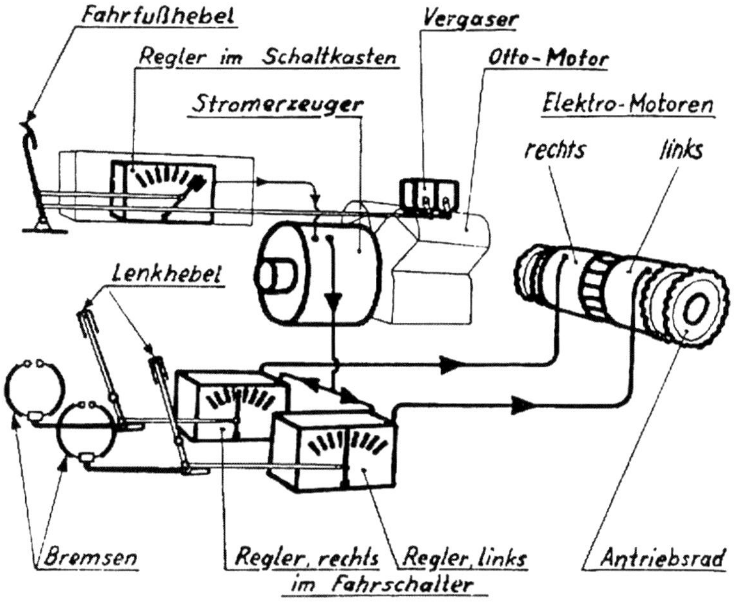

Bild 25 **Kraftübertragung**

Nachstehend soll die Wirkungsweise des Fahrschalters beim Bremsen an Hand des Bildes 26 a und b näher erläutert werden.

Beim Zurückziehen der Lenkhebel wird zunächst die elektrische Bremse eingeschaltet, die mit zunehmender Rückwärtslage der Hebel stärker und stärker wird. Von Stellung A ab wird zusätzlich die Druckluftbremse mit zur Wirkung gebracht. Das Maximum dieser Wirkung wird erzielt, wenn die Lenkhebel am Anschlag B liegen. Die Druckknöpfe auf den Bremshebeln sind dabei nicht gedrückt. Die rein elektrische Bremse wird vorzugsweise zum Bremsen im leichten Gefälle benutzt. In Verbindung mit der Druckluftbremse dient sie hauptsächlich zum Stillsetzen des Fahrzeuges. Die Lenkhebel können über den Anschlag hinweg nach hinten bewegt werden, wenn die Knöpfe der Lenkhebel gedrückt werden, siehe Bild 26 b. Hierdurch wird die elektrische Bremse erheblich verstärkt, gleichzeitig wird die Druckluftbremse ausgeschaltet. Die Lenkhebel sind dabei nur bis in Stellung C zurückzuführen, die durch eine Rastung deutlich als Zwischenstellung fühlbar ist. Diese Bremsart dient vorzugsweise zum Bremsen im steilen, längeren Gefälle (Gefällebremse).

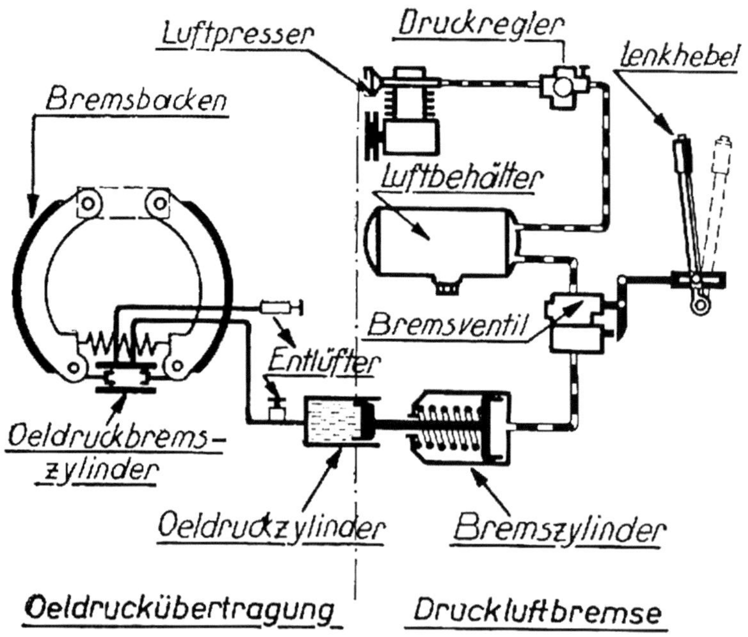

Bild 26 Bremse

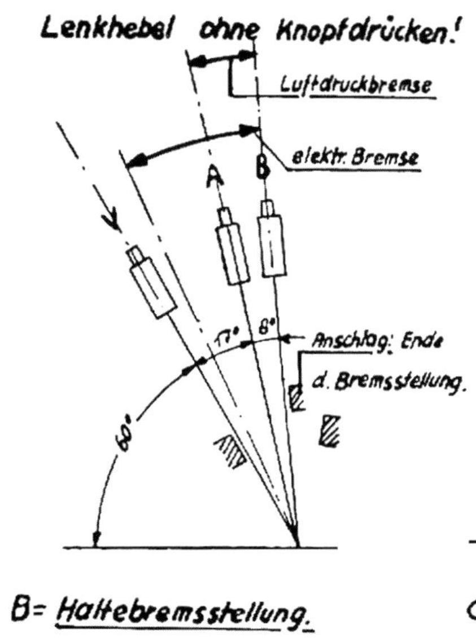

Bild 26a

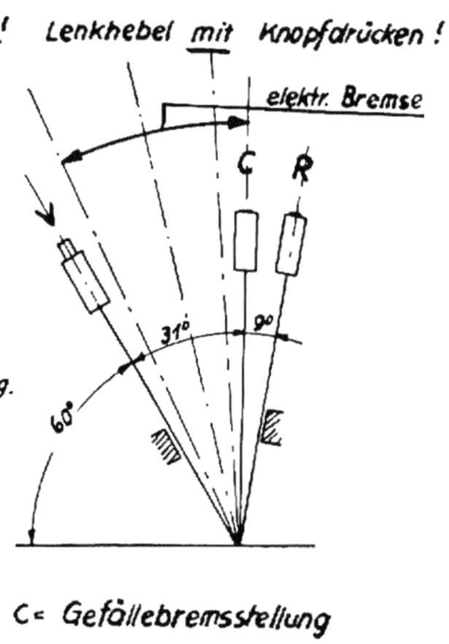

Bild 26b

Zurückziehen oder gar Zurückreißen beider Hebel bis zum hinteren Anschlag R soll grundsätzlich beim Bremsen vermieden werden. Die Stellung R dient ausschließlich der Rückwärtsfahrt mit voller Kraft und in Ausnahmefällen zum Lenken durch Zurückziehen nur eines Hebels.
Beim Lenken wird nur der kurveninnere Lenkhebel zurückgezogen. Die dabei auftretenden Bremskräfte sind dieselben wie beim Bremsen, nur dass sie auf die kurveninnere Kette allein wirken. Der 2. Lenkhebel muss beim Lenken stets vorne stehen.
Ein Luftverdichter erzeugt die für die Druckluftbremse erforderliche Druckluft. Diese wird in einem Luftbehälter gesammelt und durch einen Druckregler auf einem bestimmten Druck gehalten. Zwei im Fahrschalterkasten sitzende Bremsventile, die von den Lenkhebeln während eines Teiles ihres Hubes betätigt werden, leiten die Druckluft in den Bremszylinder der abzubremsenden Kette. Der Kolben des Bremszylinders drückt auf einen Öldruckzylinder, der Drucköl durch eine Leitung in drei Öldruckbremszylinder fördert und die drei Bremsbackenpaare gegen die Bremstrommel drückt. Am Ende des Öldruckbremszylinders und am Eintritt in die Welle des Leitrades angebrachte Entlüfter ermöglichen das Entlüften der Bremsanlage.

11) Fußbremse

Die Fußbremse öffnet über ein Gestänge die beiden im Fahrschalter eingebauten Bremsventile der Druckluftbremse und bewirkt das Abbremsen beider Ketten.

12) Handbremse

Auf dem Außenring der Rutschkupplung wirkt das Bremsband der Standbremse, die vom Fahrer durch einen Handbremshebel über eine Sperrklinke, eine Rolle mit Stahlband und ein Gestänge betätigt wird.

13) Handbremse

a) Triebrad
Das Triebrad ist am Heck des Sturmgeschützes im Seitenvorgelege gelagert und wird vom Elektromotor angetrieben. Es trägt zwei auswechselbare Zahnkränze, deren Zähne in die Gleiskette eingreifen und sie antreiben.

b) Leitrad, Bild 27
Das Leitrad dreht sich um eine Kurbelachse, die im Bug der Panzerwanne gelagert ist. Durch Verdrehen der Kurbelachse wird die Stellung des Leitrades verändert und durch die Kettenspannung beeinflusst. Zum Schwenken des Leitrades wird vom Fahrerraum aus über eine Zahnradübersetzung ein Gewindering zurückgeschraubt und dadurch die Verklemmung der Kurbelachse in der Kegelhülse gelöst.

Nachdem die Spannschrauben, die in einen Verstellarm einfassen, gelöst sind, wird unter Zuhilfenahme der Motorenkraft bei angezogener Bremse die Kurbelachse mit dem Leitrad geschwenkt. Das Leitrad trägt zwei auswechselbare Zahnkränze, deren Zähne in die Gleiskette eingreifen. Eine Bremse bremst das Leitrad ab.

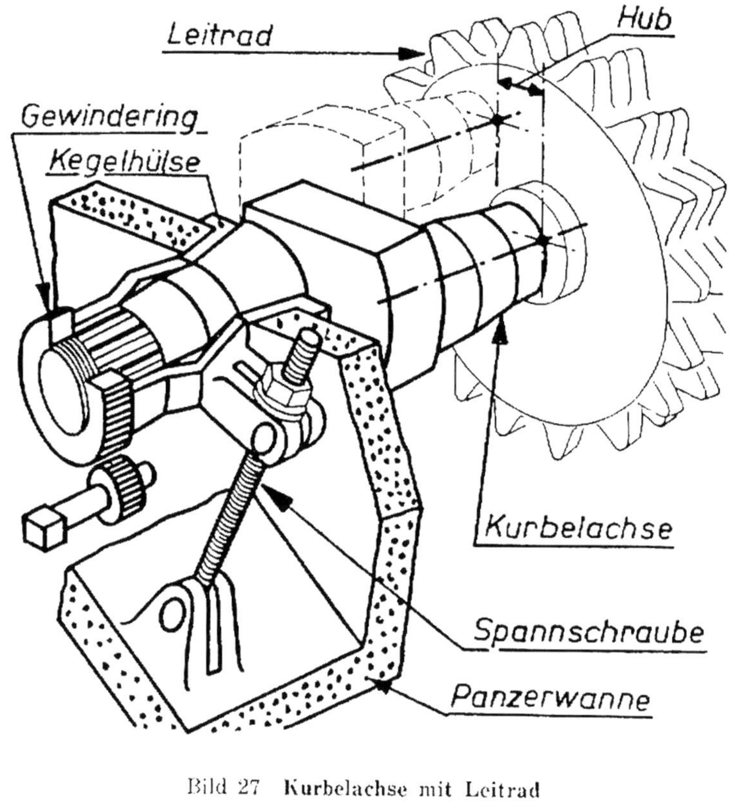

Bild 27 **Kurbelachse mit Leitrad**

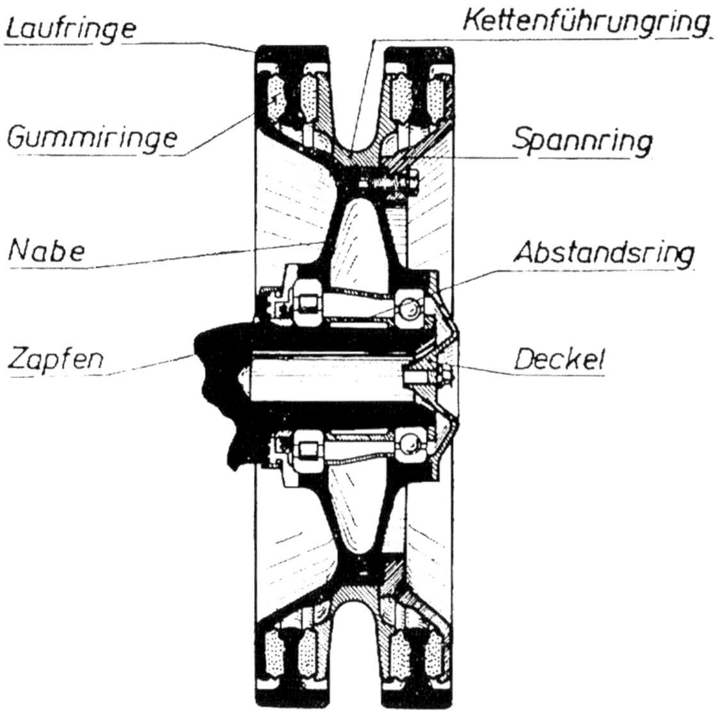

Bild 28 Laufrolle

In der Bremstrommel sind drei Bremsbackenpaare eingebaut, die durch drei Öldruckbremszylinder gespreizt werden.

c) Laufrollen, Bild 28
Die Laufrollen sind als Doppelräder mit zwei aus Stahl gefertigten Laufringen und einem Kettenführungsring ausgebildet. Die Laufringe werden mit je zwei Gummiringen zwischen Stegen gehalten. Die Gummiringe lassen ein Durchfedern der auf der Gleiskette laufenden Laufringe zu. Nach dem Lösen von Halteschrauben lassen sich die Spannringe, Gummiringe, Laufringe und Kettenführungsringe nacheinander ausbauen.

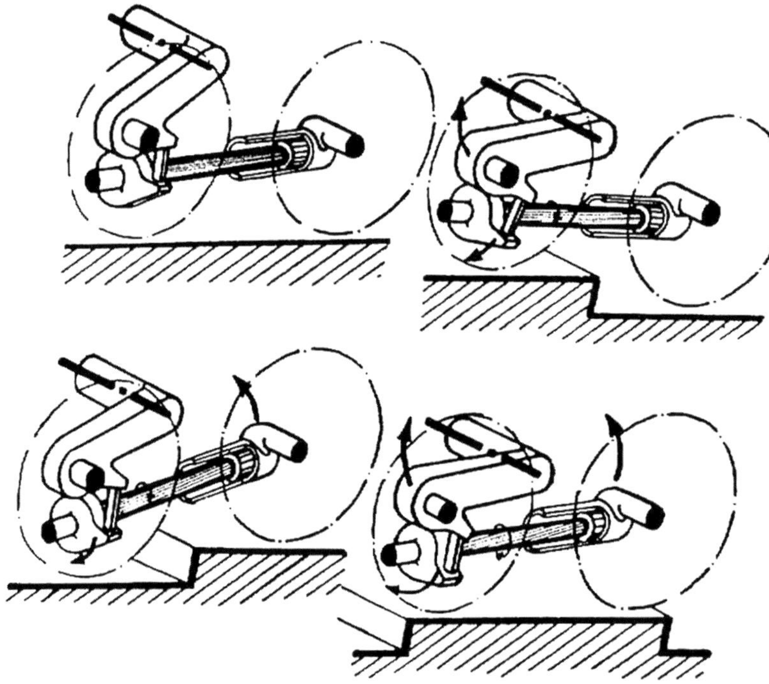

Bild 29 **Arbeitsweise der Federung**

d) Doppelschwingarme, Bild 30

Je zwei Laufrollen sind in einem Doppelschwingarm, bestehend aus einem Tragarm und einem Federarm aufgehängt. Der Tragarm ist auf einem Zapfen, der an der Seitenwand der Wanne befestigt ist, in Rollenlagern gelagert. Er trägt auf seinem freien Ende die eine Laufrolle und den Federarm.

Auf dem Federarm ist die zweite Laufrolle gelagert. Eine Drehstabfeder – ein runder Stab aus Federstahl mit zwei kerbverzahnten Köpfen – greift mit dem einen Kopf in das freie Ende des Federarmes ein. Der andere Kopf greift an der Lagerung des Federarmes in eine Hülse ein, die einen Ring mit einem Knaggen, den Stützring, trägt. Der Knaggen dieses Ringes stützt sich über eine Gelenkstütze mit zwei Kugelpfannen auf dem Knaggen eines zweiten Stützringes ab, der auf dem Lagerzapfen des Tragarmes befestigt ist. Beim Überfahren einer Bodenunebenheit wird ein Rad angehoben und damit der Federarm gegen den Tragarm gedrückt, Bild 29. Die Ausschläge des Federarmes gegenüber dem Tragarm werden durch Verdrehen der Drehstabfeder abgefedert und durch Gummipuffer begrenzt.

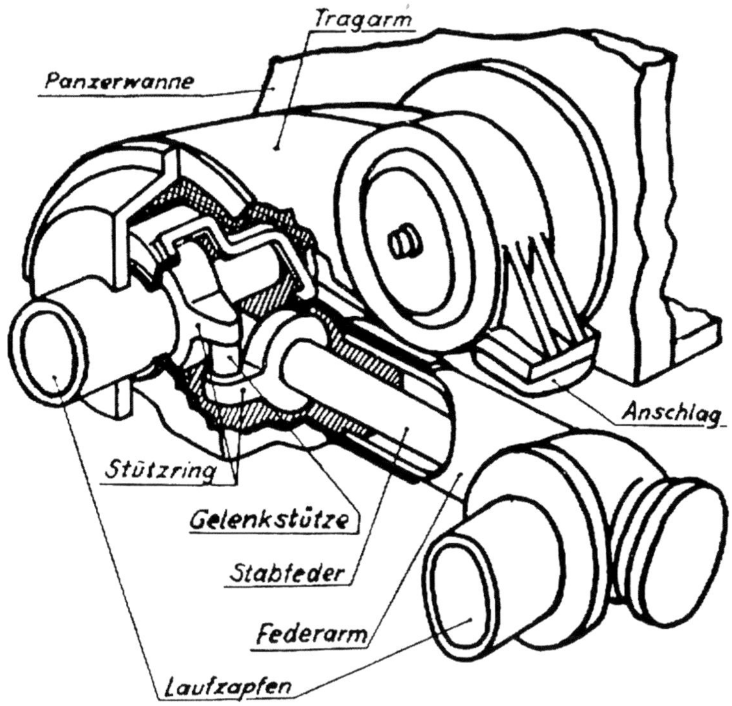

Bild 30 Doppelschwingarm

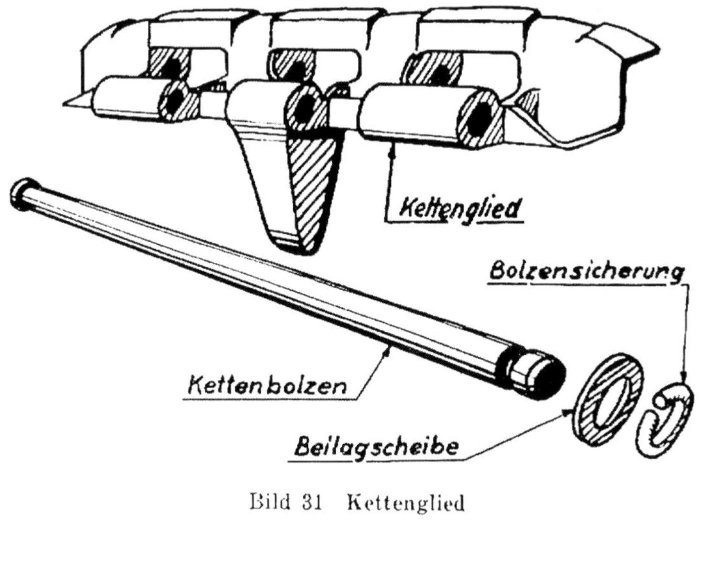

Bild 31 Kettenglied

*e) **Gleiskette,*** Bild 31

Die Ketten bestehen aus einzelnen ineinandergreifenden Kettengliedern, die durch Bolzen miteinander verbunden sind. Die Kette ist ungeschmiert. Die Bolzen sind mit einseitig offenen ringförmigen Drahtsicherungen gesichert.

14) Elektrische Licht- und Anlassanlage

Die elektrische Lichtanlage des Panzerjägers Tiger (P) hat eine Spannung von 12 Volt und der elektrische Schubankeranlasser eine Spannung von 24 Volt. Vier unter dem Funkersitz eingebaute Sammler zu je 12 Volt Spannung werden von zwei Lichtmaschinen, die unter dem Kampfraum eingebaut sind, geladen. Die Gesamtanlage kann durch den Sammler-Hauptschalter, Bild 33, abgeschaltet werden. Die Anlage wird vom Schaltbrett aus bedient. Die Sicherungspatronen, Bild 32, sind an der Rückwand des Schaltkastens angebracht und vom Funkersitz aus zugänglich.

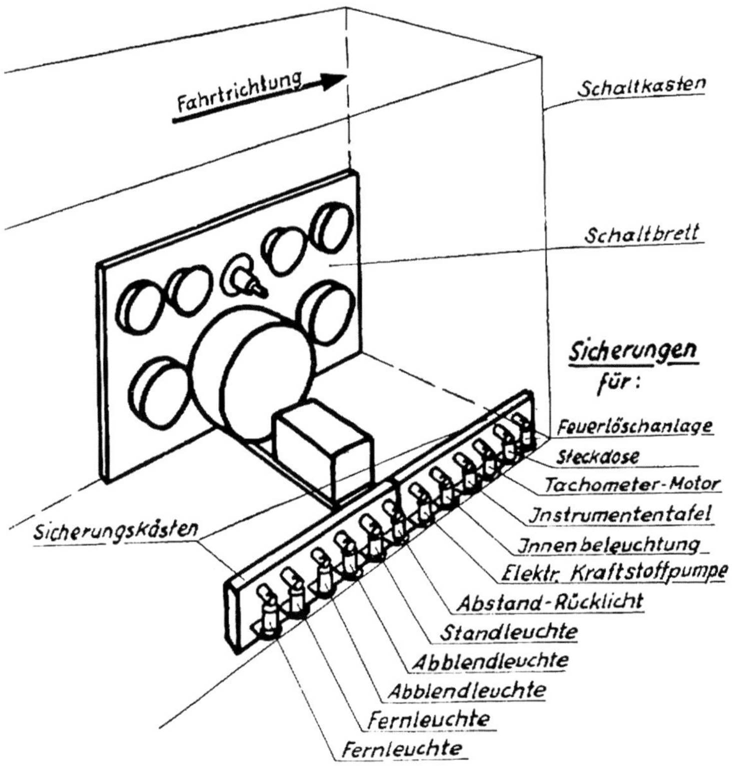

Bild 32 Sicherungspatronen am Schaltkasten

Durch den Schaltschlüssel werden die einzelnen elektrischen Geräte wie folgt geschaltet:

Stellung des Schaltschlüssels	Eingeschaltet	Einzuschalten mit besonderem Schalter
0 Schlüssel herausgezogen		Anlasser, Abstandsrücklicht, Abblendlicht
0 Schlüssel eingesteckt	Anzeigebrettbeleuchtung, Innenbeleuchtung, Steckdose, Zündung	Anlasser, Abstandsrücklicht, Abblendlicht
1 Schlüssel herausgezogen	Standlicht	Anlasser, Abstandsrücklicht, Abblendlicht
1 Schlüssel eingesteckt	Standlicht, Anzeigebrettbeleuchtung, Steckdose, Zündung	Anlasser, Abstandsrücklicht, Abblendlicht
2 Schlüssel herausgezogen	Fernlicht	Anlasser, Abstandsrücklicht, Abblendlicht
2 Schlüssel eingesteckt	Fernlicht, Anzeigebrettbeleuchtung, Steckdose, Zündung	Anlasser, Abstandsrücklicht, Abblendlicht

15) Werkzeug und Hilfsgerät

Für kleinere Instandsetzungsarbeiten werden Werkzeuge, Ersatzteile und Hilfsgerät mitgeführt. Die Werkzeuge und Ersatzteile sind in zwei Kästen verpackt im Inneren des Fahrzeugs untergebracht. Das Hilfsgerät ist teils innen, teils außen am Sturmgeschütz angebracht. Es besteht aus:

2 Brechstangen 800 und 120 mm Dm.
1 Unterlegklotz
2 Drahtseile, 8 , 32 mm Dm.
1 Vorschlaghammer
2 Stromübernahmekabel
1 Suchbolzen für Gleiskette
1 Kettenschließer
1 Antennenstabbehälter
2 Kühlwasserübertragungsschläuche
1 Ringschlüssel für Kettennachstellung
1 Ratschenschlüssel für Leitradeinstellung
1 Ansatzbolzen zum Austreiben der Kettenbolzen
2 Kupplungsstücke für Stromübernahmekabel
1 Wagenwinde 20 t
4 Schäkel 75 mm
1 Abschleppseil 12 m, 12 mm Dm.
8 Kettenglieder
1 Lötlampe
1 Winkerstab
1 Feuerlöscher

B. Anweisungen für den Fahrbetrieb des Panzerjäger Tiger (P)

16) Inbetriebnahme

Fahrer:
Kühlwasser prüfen und ergänzen, Kraftstoffhahn öffnen, Zündschlüssel einstecken. Anlassvorrichtung bei kalter Witterung einschalten.

Richt- und Ladekanonier:
Schwungkraftanlasser eines Otto-Motors aufziehen. Lade- und Richtkanonier führen die Andrehkurbel ein und drehen sie, langsam schneller werdend, keinesfalls ruckweise, links herum und ziehen sie bei Erreichen einer genügend hohen Drehzahl (60 U/min) heraus. Der Richtkanonier betätigt kräftig den Einrückgriff und lässt ihn sofort nach dem Anspringen des Motors los.
Beachten: Otto-Motor **unter keinen Umständen ohne Kühlwasser laufen lassen.** Gummidichtringe der Zylinderlaufbüchsen verschmoren sonst sofort. Den zweiten Otto-Motor in gleicher Weise anlassen.

Fahrer:
Beim Anlassen mit elektrischem Anlasser immer nur einen Otto-Motor anlassen und den anderen anschließend. Anlassvorrichtung ausschalten. Wenn der eine Otto-Motor läuft, kann der zweite mit Hilfe des Stromerzeugers in folgender Weise angelassen werden:

Vorwähler auf Stellung 1 stellen,
Beide Lenkhebel nach vorn legen,
Drehschalter senkrecht stellen,
Gas geben.

Der Öldruck muss nach einigen Umdrehungen des Motors ansteigen und mindestens 4 atü betragen.
Motor nach einer Minute Laufzeit abstellen. Verschraubung zum Öleinfüllstutzen, Bild 6, abschrauben und Ölmessstab herausnehmen. „Motoröl der Wehrmacht Pz." oder „Motorenöl der Wehrmacht" bis zur oberen Marke nachfüllen. Ölstandmessungen am Motor, der noch nicht gelaufen hat, ergeben einen falschen Wert.

17) Prüfen des Panzerjägers vor jeder Fahrt

a) Motor

1. Abhören des Motorgeräusches und beobachten der Auspuffgase. (Bei unregelmäßigem Motorlauf und schwarzem Auspuffqualm Zündkerzen bzw. Vergaser prüfen.)
2. Verliert der Motor Öl? Kraftstoff? Kühlwasser?

b) Fußhebelwerk

1. Gängigkeit des Fahrfußhebels.

c) Elektrische Anlage

1. Zustand der Beleuchtung
2. Richtiges Arbeiten der Lichtmaschine. (Rote Lade-Anzeigeleuchte erlischt bei höherer Drehzahl).

d) Laufwerk

1. Kettenbolzensicherungen alle vorhanden und unbeschädigt?
2. Kettenbolzen unbeschädigt?
3. Kettenglieder unbeschädigt?
4. Kettenspannung richtig? (Die Kette ist richtig gespannt, wenn die über den Laufrollen durchhängende Kette auf der 3. und 4. Laufrolle ganz aufliegt und über der 2. und 5. Laufrolle mit einem Abstand von einer Fingerbreite frei hängt.)
5. Risse in Leit- und Triebrad?
6. Laufrollen beschädigt?

e) Druckluftbremse

1. Druck in der Bremsanlage prüfen. Der Druckmesser muss einen Druck von 6 atü anzeigen.
2. Vor jeder Fahrt und bei längerer Fahrt mindestens alle 50 km richtige, d.h. genügend kräftige Einstellung der Druckluftbremse nachprüfen. Zu diesem Zweck zuerst ohne und dann mit niedergetretener Fußbremse langsam anfahren. Der Unterschied zwischen den beiden Strömen soll dabei 500 bis 800 A betragen. 500 A ist dabei der Mindestwert, andernfalls muss die Bremse nachgestellt werden.

f) Geschütz

Höhen- und Seitenrichtmaschine sowie Rohr gezurrt?

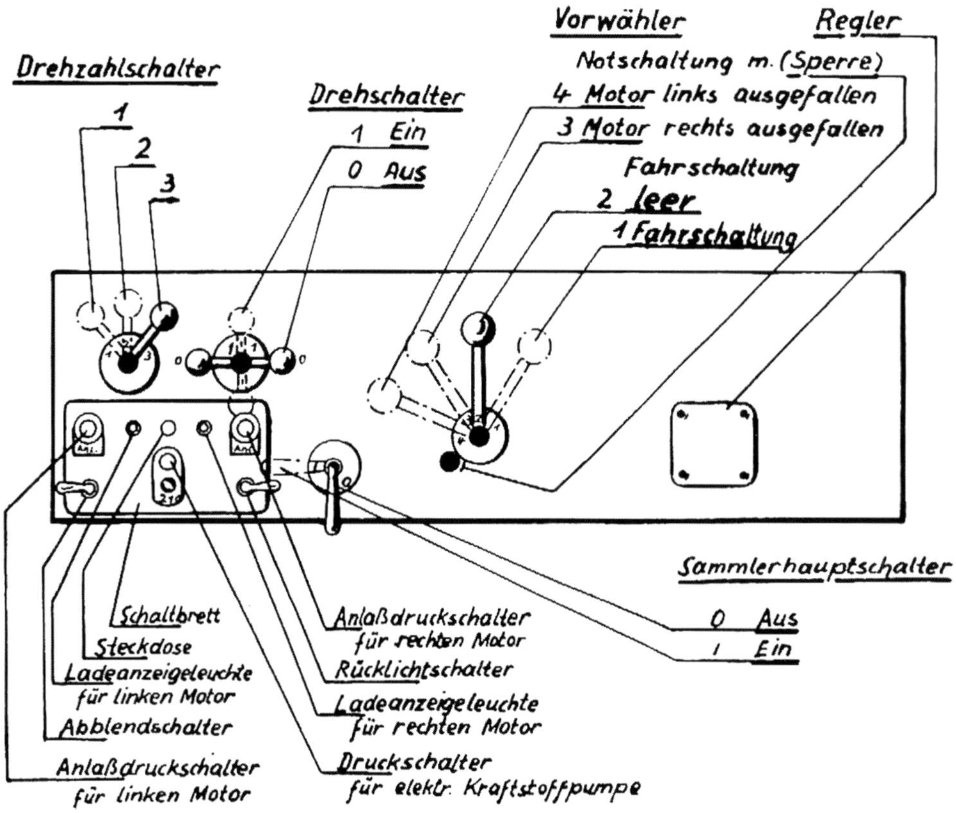

Bild 33 Schaltkasten

18) Fahrbetrieb des Panzerjägers

a) Anfahren und Schalten des Stromerzeugers

Das Fahrzeug wird in folgender Weise in Betrieb gesetzt:

Vorwärtsfahrt.

Beide Lenkhebel bis zum Anschlag nach vorn legen.
Vorwähler auf Stellung 1 stellen.
Drehschalter senkrecht stellen.
Beim anschließenden Gasgeben setzt sich das Fahrzeug in Bewegung.

Rückwärtsfahrt.

Beide Lenkhebel, Druckknöpfe nach unten drücken und bis zum Anschlag nach hinten legen.

Vorwähler auf Stellung 1 stellen.
Drehschalter senkrecht stellen.
Beim anschließenden Gasgeben setzt sich das Fahrzeug nach rückwärts in Bewegung.
Beim Ausfallen eines Otto-Motors oder Stromerzeugers besteht die Möglichkeit, mit nur einem Otto-Motor den Panzerjäger anzutreiben. Hierfür sind die Schaltstellungen 3 und 4 des Vorwählers vorgesehen.

Stellung 3,

Notstellung beim Ausfall des rechten Otto-Motors oder Stromerzeugers.

Stellung 4,

Notstellung beim Ausfall des linken Otto-Motors oder Stromerzeugers.
Die Schaltung der Notstellung 3 und 4 ist in folgender Weise auszuführen:
Gas wegnehmen, beide Lenkhebel bis zum Anschlag nach vorn legen, Drehschalter waagerecht drehen, Sperre unter dem Vorwählhebel nach links drehen, Vorwählhebel auf Stellung 3 bzw. 4 legen, Drehschalter senkrecht drehen, Gas geben.

b) Motordrehzahl

Otto-Motoren beim Fahren auf einer Drehzahl zwischen 1500 und 2600 U/min halten und die Drehzahl von 2600 U/min nicht überschreiten. Nur beim Lenken und Überwinden schwerer Fahrstrecken kurzfristig die Drehzahl auf 3000 U/min steigern. Drehzahlen der Otto-Motoren durch Umlegen des Drehzahlschalters, Bild 33, und verschieden starkes Gasgeben dem Fahrwiderstand anpassen. Bei hohem Fahrwiderstand, beim Lenken im schweren Gelände und in Steigungen Drehzahlschalter nach vorn oder senkrecht auf Stellung 1 oder 2 legen. Durch die hohen Drehzahlen wird die Höchstleistung der Otto-Motoren voll ausgenutzt.
Bei geringem Fahrwiderstand, auf der Straße, in leichtem Gelände und bei Bergabfahrten, Drehzahlschalter nach hinten auf Stellung 3 legen. Durch die niedrigen Drehzahlen werden die Otto-Motoren geschont und Kraftstoff gespart.
Der Drehzahlschalter hat folgende Stellungen:
Hebel nach vorn Stellung 1: für schweres Gelände.
Hebel senkrecht Stellung 2: für mittleres Gelände.
Hebel nach hinten Stellung 3: für leichtes Gelände.

c) Öldruck und Kühlwassertemperatur

Der Öldruckmesser, Bild 34, muss während der Fahrt laufend beobachtet werden. Je ein Zeiger gibt den Öldruck je eines Otto-Motors an. Der Öldruck ist umso höher, je kälter das Öl ist, und darf bei warmer Maschine (mindestens
50 °C Kühlwassertemperatur) und 2000 U/min nicht niedriger als 4 atü sein.
Die Kühlwassertemperatur soll im Fahrbetrieb 80 °C betragen. Steigt die Kühlwassertemperatur über 95 °C, so ist in folgender Reihenfolge zu prüfen:

(1) Wassermenge,
(2) Spannung der Keilriemen zu den Lüftern,
(3) Äußerliche Verschmutzung des Kühlers,
(4) Innerliche Verschmutzung des Kühlers,
(5) Richtiges Arbeiten und Sauberkeit der Überdruckventile,

(6) Zündeinstellung,
(7) Vergasereinstellung.

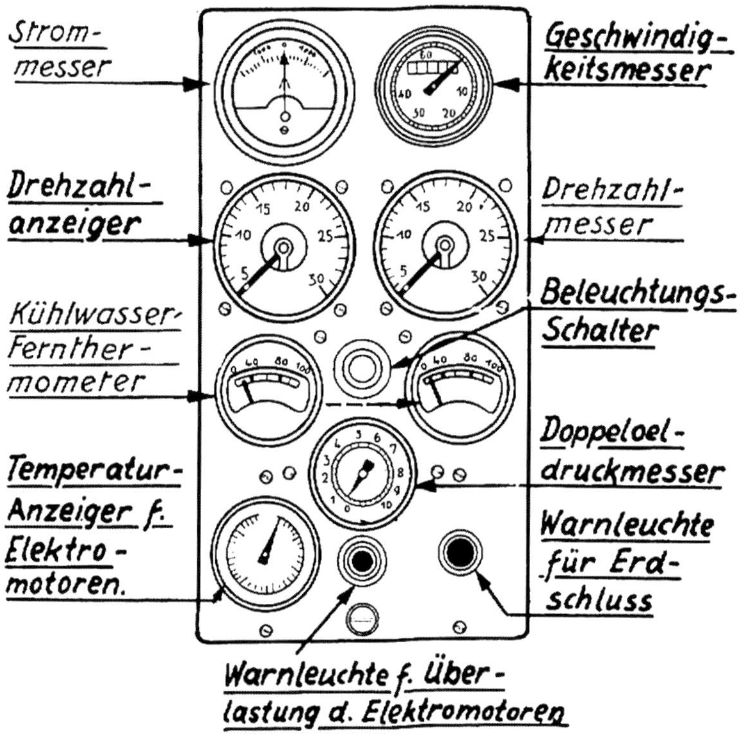

Bild 34 Schaltbrett

d) Fahren, Lenken und Bremsen

1. Die Geschwindigkeit des Panzerjägers wird durch Betätigen des Fahrfußhebels geregelt.
2. Bei Geradeausfahrt bleiben beide Lenkhebel in ihrer Ruhelage am vorderen Anschlag liegen. Hierbei wird die volle Zugkraft der Elektromotoren entwickelt.
3. Beim Lenken wird stets nur der kurveninnere Lenkhebel zügig, nicht ruckweise zurückgezogen, der kurvenäußere bleibt grundsätzlich in der vorderen Endstellung liegen. Stets zur Schonung der Druckluftbremse in Stellung A (nur elektrische Bremse) auszukommen versuchen; dies ist auf der Straße und im leichten Gelände bei Geradeausfahrt und bei flachen Kurven ohne weiteres möglich. Die Lenkwirkung wird verstärkt, wenn die Lenkhebel auf Stellung B (elektrische und Druckluftbremse) zurückgezogen werden. Diese Stellung soll jedoch möglichst wenig zum Lenken benutzt werden.

   Grund: Schonen der Druckluftbremse und Vermeiden unnötiger Verluste.

4. Eine noch größere Verstärkung der Lenkwirkung wird ohne Inanspruchnahme der Druckluftbremsen erzielt, wenn der Lenkhebel mit gedrücktem Knopf über die Stellung B hinaus weiter nach hinten zurückgezogen wird, gegebenenfalls bis zum Endanschlag Stellung R. Der 2. Hebel **muss** dabei ganz vorn stehen (wichtig!). Diese Lenkmöglichkeit ist in der Hauptsache in schwerem, kurvenreichen Gelände anzuwenden.
5. Zum schnellen Bremsen dient entweder die elektrische und Druckluftbremse bis zum Anschlag B oder die Fußbremse. **Streng verboten ist,** das Fahrzeug rein elektrisch **mit gedrückten** Knöpfen und Durchreißen beider Lenkhebel zu bremsen, da hierbei die Maschinen durch Überströme beschädigt und betriebsunfähig werden.
6. Zusammengefasst werden nachstehend nochmals die Fälle aufgezählt, in denen die Druckknöpfe auf den Steuerhebeln niedergedrückt werden dürfen:
   a) **Beide** Druckknöpfe dürfen nur gedrückt werden:
      1. Bei Rückwärtsfahrt,
      2. Bei Gefällefahrt mit Gefällebremse; Fahrzeug muss dabei vorher durch Druckluftbremse auf Schrittgeschwindigkeit herabgesetzt werden.

   b) **Ein** Druckknopf darf gedrückt werden, wenn der 2. Lenkhebel ganz vorne steht.

e) Allgemeine Richtlinien für das Lenken

Im Gegensatz zu Radfahrzeugen wird beim Lenken des Panzerjägers eine starke zusätzliche Kraftleistung benötigt, die in schwierigem Gelände und bei falschem Lenken zum Steckenbleiben und zu gefährlichen Beanspruchungen der Elektromotoren sowie des Laufwerks führen kann. Lenkbewegungen sind nur dann auszuführen, wenn sie unumgänglich notwendig sind. Der Fahrer sucht sich im Gelände einen festen Punkt, der in seiner Hauptrichtung liegt, und fährt gerade auf ihn zu. Wegkrümmungen werden dabei nicht ausgefahren, Bild 35.

Es darf nur an Stellen gelenkt werden, die der Lenkbewegung geringen Widerstand entgegensetzen, Bild 36. Der Fahrer muss im Gelände vorausschauend fahren, kleine Bodenwellen und festen Boden suchen und auf diesen Stellen lenken.

Auf Brücken und Gleisen ist nicht zu lenken, da diese dabei zerstört werden können und das Laufwerk beim Lenken auf Gleisen beschädigt wird, Bild 37.

In tief ausgefahrenen Spuren ist nicht zu fahren, da hierbei die Wanne des Panzerjägers leicht aufsitzt und das Herausfahren aus der Spur das Laufwerk und die Motoren stark belastet, Bild 38.

Starke Baumstümpfe langsam mit der Gleiskette überfahren, da sonst die Wanne aufsitzt, Bild 39. Senkrechte Hindernisse (Mauerreste, Sperren usw.) sind mit Hilfe von untergelegten Baumstämmen zu nehmen, Bild 40.

Alle Richtungsänderungen sind mit möglichst weiten Kurven zu nehmen. Nur wenn es unbedingt erforderlich ist, sind enge Kurven zu fahren oder auf der Stelle umzusetzen, Bild 41.

Beim Lenken den Lenkhebel, der auf der kurveninneren Seite liegt, langsam und nicht ruckweise anziehen. Den Lenkhebel nur soweit anziehen, bis das Fahrzeug die Lenkbewegung ausführt. Hebel möglichst in dieser Stellung stehenlassen und nur dann kleine Verbesserungen der Hebelstellung vornehmen, wenn das Fahrzeug aus der Kurvenbahn läuft.

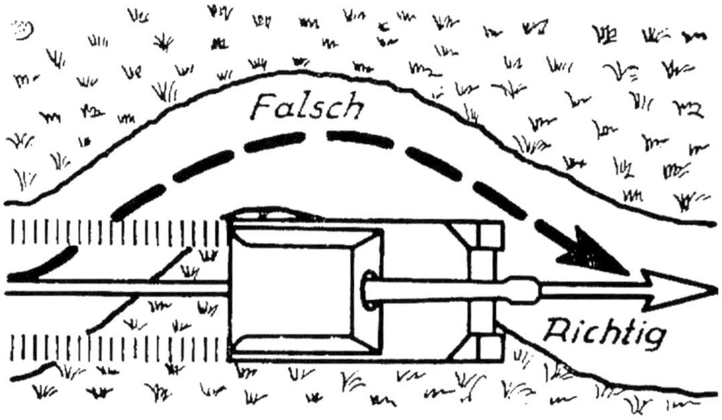

Bild 35 **Fahren im Gelände**

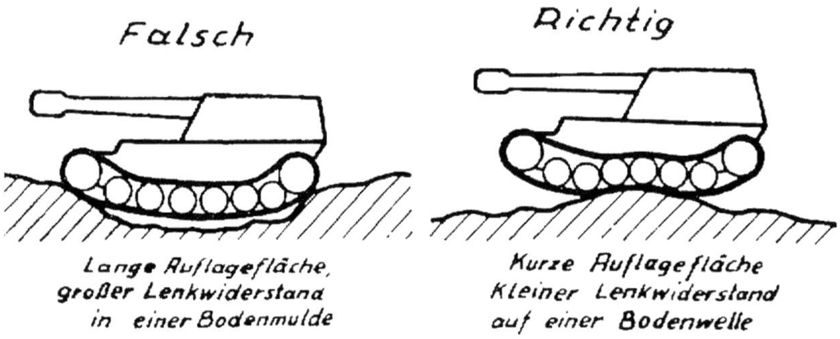

Bild 36 **Lenken im Gelände**

Fällt die Geschwindigkeit des Panzerjägers bei Kurvenfahrt insbesondere auf weichem Untergrund, in schwerem Gelände und in Steigungen stärker ab, ist der Lenkhebel wieder nach vorn zu legen und erst dann wieder anzuziehen, wenn das Fahrzeug wieder schneller fährt. Diesen Vorgang so oft wiederholen, bis die gewünschte Fahrtrichtung erreicht ist. Fällt beim Lenken die Drehzahl der Otto-Motoren, Drehzahlschalter auf nächst niedrige Stufe stellen.
Bleibt das Fahrzeug bei der Lenkbewegung durch zu hohen Bodenwiderstand stecken, beide Lenkhebel sofort nach vorn oder nach hinten legen, ein kurzes Stück vorwärts oder rückwärts fahren. Hierdurch kommt das Fahrzeug aus dem aufgewühlten Gelände heraus und kann an einer Stelle mit geringerem Widerstand die Lenkbewegung fortsetzen. Auf guten Straßen, die für Gleisketten meist nicht griffig sind, und bei Schnee- bzw. Eisglätte besteht die Gefahr, das Fahrzeug beim Lenken zu überziehen. In diesem Falle darf der Lenkhebel nur mit größter Vorsicht langsam angezogen werden.

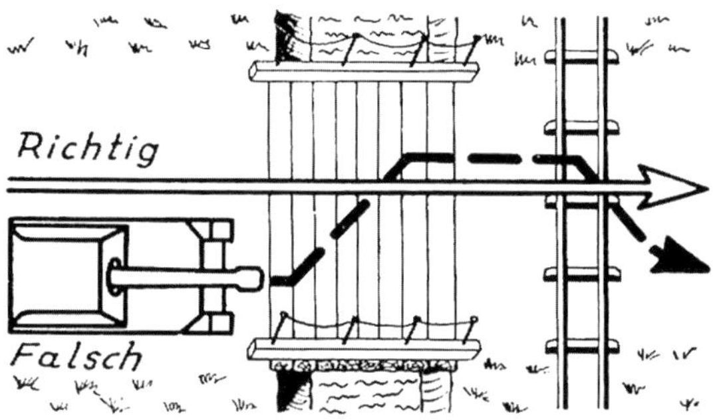

Bild 37 **Fahren über Brücken und Gleise**

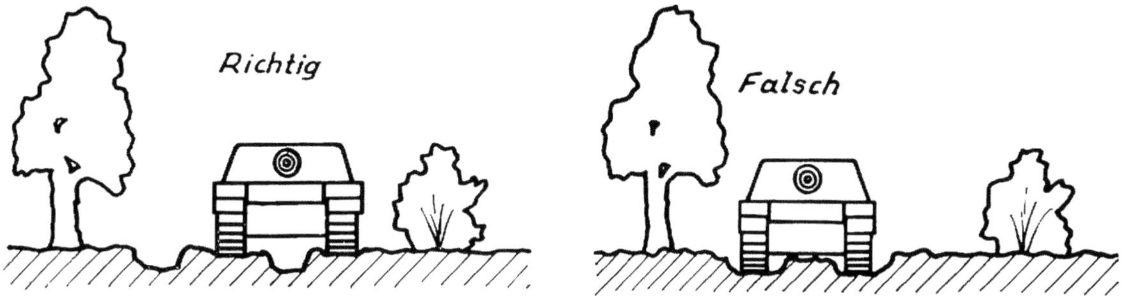

Bild 38 **Fahren in einer Spur**

Bild 39 **Überfahren von Baumstümpfen**

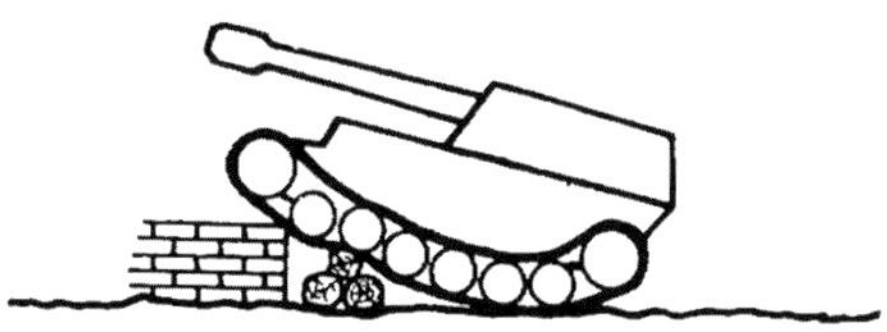

Bild 40 **Erklettern von Hindernissen**

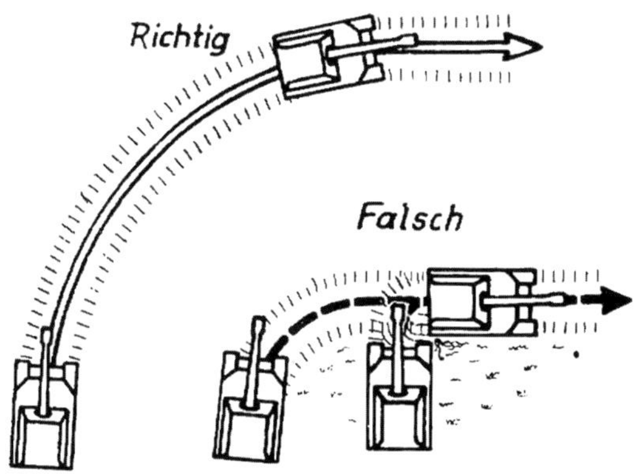

Bild 41 **Fahren von Kurven**

19) Fahren des Panzerjägers im Gelände

a) Befahren von Steilhängen aufwärts

1. Panzerjäger senkrecht zum Hang ansetzen.
2. Möglichst nicht lenken.
3. Wenn die Ketten rutschen, nur so viel Gas geben, dass der Motor gerade noch durchzieht.
4. Nur so viel Gas geben, dass die rote Warnlampe nicht aufflackert.

b) Befahren von Steilhängen abwärts

1. Panzerjäger senkrecht zum Hang ansetzen. Am Hang kein Gas geben.
2. Geschwindigkeit des Fahrzeuges, falls nötig, mit der Fußbremse auf weniger als Schrittgeschwindigkeit herabsetzen.
3. Dann Hang mit Gefällebremse (also rein elektrisch zum Schonen der Druckluftbremse) hinabfahren.
4. Möglichst nicht lenken. Falls erforderlich, den kurvenäußeren Lenkhebel der gewollten Kurve nach vorn legen.

c) Anhalten und Feststellen des Panzerjägers in der Steigung aufwärts

1. Feststellen am Hang möglichst vermeiden.
2. Beide Lenkhebel am vorderen Anschlag halten. (Nicht anziehen.)
3. Fahrfußhebel so weit zurücknehmen, bis der Panzerjäger stehenbleibt.
4. Bremsfußhebel soweit zurücknehmen, bis der Panzerjäger stehenbleibt. (Der Panzerjäger darf am Steilhang nicht länger als 10 Sekunden nur durch Gasgeben gehalten werden. Auf jeden Fall sofort Bremsfußhebel durchtreten.)
5. Drehschalter waagerecht stellen.
6. Otto-Motor noch einige Zeit mit hoher Drehzahl laufen lassen, falls E–Motoren sehr heiß sein sollten (über 100 °C).
7. Motor abstellen.

d) Anhalten und Feststellen des Panzerjägers in der Steigung abwärts

1. Feststellen am Hang möglichst vermeiden.
2. Zum Anhalten Gefällebremse benutzen und Bremsfußhebel ganz durchtreten, bis Fahrzeug stehen bleibt.
3. Feststellbremse anziehen.
4. Beide Lenkhebel an **vorderen** Anschlag legen.
5. Motor abstellen, Drehschalter waagerecht stellen.

e) Anfahren am Steilhang aufwärts

(Feststellbremse ist angezogen, Lenkhebel liegen am vorderen Anschlag.)

1. Motor anlassen, Drehschalter senkrecht stellen.
2. Bremsfußhebel ganz durchtreten, Feststellbremse lösen.
3. Gas geben, Fußbremse lösen.

f) Anfahren am Steilhang abwärts

(Feststellbremse ist angezogen, Lenkhebel liegen am vorderen Anschlag)

1. Motor anlassen, Drehschalter senkrecht stellen.
2. Bremsfußhebel ganz durchtreten, Feststellbremse lösen.
3. Druckknöpfe herunterdrücken und beide Lenkhebel bis zum hinteren Anschlag anziehen.
4. Fußbremse lösen und Lenkhebel langsam so weit nach vorn legen, bis Panzerjäger langsam vorwärtsfährt (Gefällebremse).

g) Überwinden von Hindernissen

Sehr schweres Gelände sowie Hindernisse, Gräben, Mauerreste, Baumstümpfe usw. mit stark herabgesetzter Geschwindigkeit überwinden. Wenn der Panzerjäger, auf einem Hindernis stehend, überkippen will und sich in der Schwebe befindet, ist mit wenig Gas ein Lenkhebel anzuziehen. (Panzerjäger abdrehen.) Hierdurch setzt das Fahrzeug ohne harten Stoß auf.

Auf Wegen mit Bodenwellen langsam fahren und das Fahrzeug nicht mitten auf einer Bodenwelle stehenlassen. Beim Fahren im Waldgelände darauf achten, dass die Wanne nicht auf Baumstümpfen aufsitzt.

h) Abstellen des Panzerjäger Tiger (P)

Zur Beendigung der Fahrt nimmt der Fahrer das Gas weg und lässt den Panzerjäger ausrollen und zieht die Feststellbremse an. Der Otto-Motor wird durch Herausziehen des Zündschlüssels zum Stehen gebracht und der Drehschalter waagerecht gestellt. Die Lenkhebel sind an den vorderen Anschlag in ihre Ruhelage zu legen. In einer anderen Lage werden die Sammler entladen. Der Abstellort ist so zu wählen, dass der Panzerjäger nicht abrollen kann. Das Vorlegen von Steinen verhindert bei dem großen Gewicht des Panzerjägers das Abrollen nicht mit Sicherheit.

20) 10 Gebote für den Fahrer

1. Feststellbremse:

Vor Fahrtantritt durch Knopfdrücken lösen, kräftig vorstoßen bis zum Ausschnappen!

2. Höchstgeschwindigkeit:

20 km/h

3. Drehzahlmesser:

1500 bis 2300 U/min, kurzfristig darüber!

4. Strommesser:

a) bis 700 A: dauernd,

b) bis 1000 A: 15 min, dann Fremderregung ausschalten. Elektromotor bei 1300 U/min auskühlen.

c) über 1300 A: 10 s (rotes Flackerlicht).

5. Erdschlusslampe:

Bei Aufleuchten der Erdschlusslampe Fahrzeug sofort anhalten und abstellen, Massekabel (links vom Fahrschalter) von der Wand abklemmen und isolieren!

6. Fahren und Lenken:

a) Beim Fahren beide Hebel in vorderste Stellung legen!

b) Beim Lenken kurvenäußeren Lenkhebel stets in vorderster Stellung lassen!

c) Kurveninneren Hebel zügig bewegen, nicht reißen!

d) In schwerem Gelände, auf kurvenreicher Straße und beim Wenden an Ort: Knopf drücken.

7. Bremsen:

Durchreißen der beiden Lenkhebel mit gedrückten Knöpfen ist streng verboten. Zum schnellen Bremsen Fußbremse benützen.

8. Hang abwärts fahren:

Fahrzeug mit Fußbremse bis auf Schrittgeschwindigkeit bringen, beide Lenkhebel, mit Knopf drücken nach rückwärts, bis erste fühlbare Raste anziehen.

9. Anhalten oder Steckenbleiben am Hang:

a) Mit Motorkraft Fahrzeug höchstens 10 s halten!

b) Bei längerem Halt Fußbremse betätigen, Gas wegnehmen und Feststellbremse anziehen.

10. Abstellen des Fahrzeuges:

Drehschalter auf null, Motoren bei 1300 Umdrehungen einige Minuten auskühlen, Sammelhauptschalter ausschalten und beide Lenkhebel in vorderster Stellung!

C. Pflegeanweisung für den Panzerjäger Tiger (P)

21) Arbeiten nach Beendigung der Fahrt

a) Fahrzeug gründlich außen und innen reinigen.

b) Motor

1. Kraftstoff, Kühlwasser und Motoröl ergänzen.
2. Verliert er Motoröl? Kraftstoff ? Kühlwasser ?
3. Luftfiltereinsätze reinigen, Ölstand prüfen, nötigenfalls Motoröl nachfüllen und bei starker Verschmutzung erneuern.

c) Laufwerk

1. Laufrollen, Laufringe und Kettenführungsringe prüfen.
2. Fehlende und beschädigte Kettenbolzensicherungen ersetzen. Unterlagscheibe auf Kettenbolzenende aufsetzen. Sicherungsring in die Vertiefung des Sicherungsauftreibers einlegen. Sicherungsauftreiber auf freies Bolzenende aufsetzen und Sicherungsring mit einem Hammerschlag auftreiben, Bild 42, 43.
3. Beschädigte Kettenbolzen auswechseln.
   (Ketten laufen lassen, bis sich der beschädigte Bolzen auf der Vorderseite des Leitrades befindet. Kettenschließer ansetzen, Kettenbolzen in unteres Loch des Kettenschließers einführen und Kette mit der Brechstange entlasten. Sicherungsabtreiber vor Kettenbolzen ansetzen und mit Vorschlaghammer Kettenbolzen eintreiben, dass Sicherungsring und Unterlagscheibe abspringen. Suchbolzen ansetzen und mit ihm alten Kettenbolzen austreiben. Neue Kettenbolzen von innen eintreiben und Kettenbolzensicherungen wie unter 2. Auftreiben. Kettenschließer abnehmen.)
4. Beschädigte Kettenglieder auswechseln, Bild 44.
   (Zwei Kettenbolzen wie unter 3. austreiben. Mit angesetztem Kettenspanner, in dem die Brechstange durch Einsetzen eines zweiten Kettenbolzens in ihrer Lage gehalten werden kann, das beschädigte Glied aus der Kette herausnehmen. Neues Glied einbauen. Beide Kettenbolzen wieder einschlagen und sichern. Kettenschließer abnehmen.)

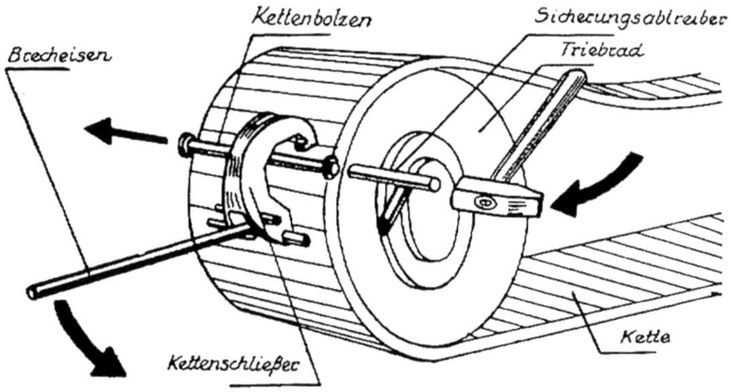

Bild 42 **Kettenbolzenwechsel**

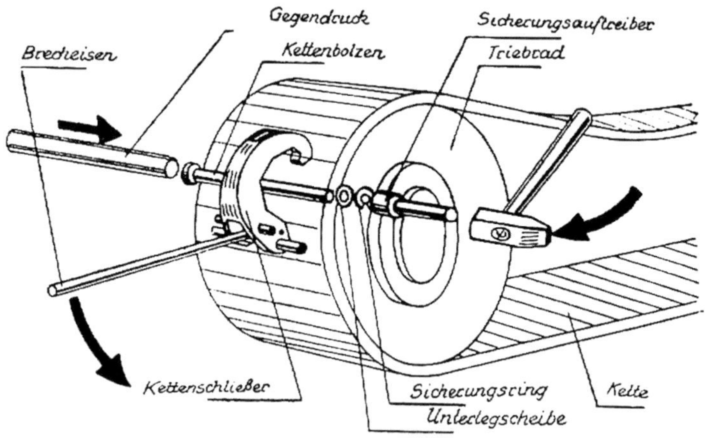

Bild 43 **Kettenbolzenwechsel**

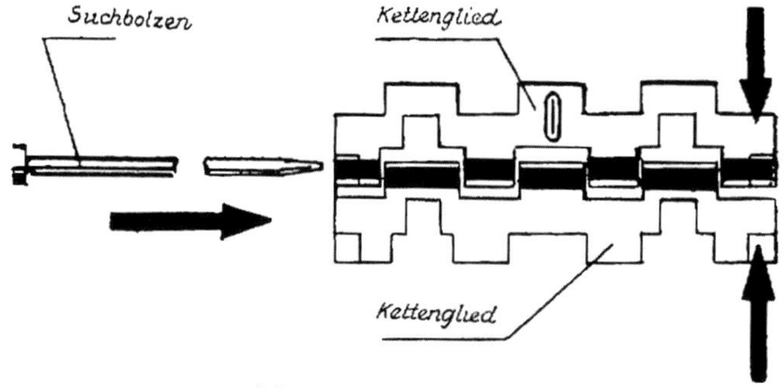

Bild 44 **Kettengliedwechsel**

d) Elektrische Anlage

Während der Fahrt auftretende Schäden beseitigen.

1. Beschädigte Sicherungspatronen und Glühlampen ersetzen.
2. Wackelkontakte beseitigen, gelockerte Leitungen befestigen, Scheuerstellen beseitigen. Vor Beginn dieser Arbeit Hauptschalter ausschalten.
3. Inhalt der elektrischen Vorratskästen ergänzen.

e) Zubehör und Werkzeug

1. Beschädigtes und verlorengegangenes Zubehör und Werkzeug instandsetzen oder ersetzen.
2. Zubehör und Werkzeug auf Vollständigkeit prüfen und an seinem vorgeschriebenen Platz verpacken.
3. Ölkanne und Schmierpresse nachfüllen.

22) Auflegen der Kette

1. Setze den Kettenschließer an der Stirnseite des Leitrades an, spanne mit ihm und einer Brechstange die Kette und schlage den Kettenbolzen mit einem Ansatzbolzen und Suchbolzen heraus.
2. Fahre mit dem Panzerjäger so weit nach vorn, dass die Kette frei auf dem Boden liegt.
3. Lege die neue in die Richtung der alten hinter dem Fahrzeug aus und verbinde beide Kettenenden mit einem halb hineingeschlagenen Kettenbolzen.
4. Fahre den Panzerjäger so weit rückwärts, dass das Treibrad so über dem freien Kettenende steht, dass die ersten Kettenglieder in das Treibrad einzuhängen sind.
5. Stecke den Suchbolzen in das letzte Kettenglied und hebe mit diesem das Kettenende in die Zähne des Triebrades ein.
6. Fahre den Panzerjäger wieder nach vorn.
7. Ziehe mit dem Suchbolzen das freie vom Triebrad angetriebene Kettenende über die Laufrolle weg, bis das freie Kettenende in das Leitrad eingehängt werden kann.
8. Entferne den Kettenbolzen zwischen der alten und neuen Kette.
9. Drehe das Leitrad mit einer Brechstange, bis das freie Kettenende nach vorn über das Leitrad herunter hängt.
10. Trete den Bremsfußhebel, lege die Lenkhebel mit eingedrücktem Druckkopf an den hinteren Anschlag und lasse die Elektromotoren so lange laufen, bis das obere Kettenende gespannt ist.
11. Ziehe den Handbremshebel an.
12. Führe die beiden freien Kettenenden mit der Brechstange zusammen, richte die Glieder mit dem Suchbolzen aus und verbinde sie mit einem Kettenbolzen.
13. Lege eine Unterlegscheibe auf den Kettenbolzen und sichere ihn.

D. Anweisung für das Schmieren

Richtiges Schmieren bedingt gutes Arbeiten und lange Lebensdauer des Panzerjägers
Je nach dem Zustand oder Betriebsbedingungen des Fahrzeuges (schadhafte Dichtungen oder schlammiger Boden, loser Sand, starker Regen) ist entsprechend früher Öl nachzufüllen bzw. die Schmierstellen zu reinigen und neu abzuschmieren.

23) Ölschmierung

a) Motor

Durch den Ölmessstab ist täglich der Ölstand im Ölbehälter zu prüfen. Die eingeschlagenen Kennmarken geben den höchsten und niedrigsten Ölstand an. Das Motoröl ist stets bis zur obersten Marke nachzufüllen.
Bei Ölwechsel das alte Öl bei warmem Motor nach Entfernen der Bodenklappen an der Wanne aus den Ablassöffnungen der Ölbehälter und der Kurbelwannen ablassen. Damit das alte Öl auch aus den Leitungen austritt, den Motor mit Schwungkraftanlasser bei herausgezogenem Zündschlüssel einige Umdrehungen laufen lassen.
Frisches Öl einfüllen und, damit die leeren Leitungen wieder aufgefüllt werden, den Motor nochmals kurz anlassen. Ölspiegel durch erneutes Nachfüllen wieder auf den Höchststand bringen.
Beim Ölwechsel ist auch gleichzeitig das Ölfilter zu reinigen.

b) Seitenvorgelege, Lüftergetriebe und Doppelschwingarme

Bei den Seitenvorgelegen und den Lüfterkegeltrieben wird das Getriebeöl in die Einfüllstutzen eingefüllt. Es ist so viel Getriebeöl einzufüllen, bis dieses aus den Überlaufgewindebohrungen herausfließt. Der Ölstand darf im äußersten Falle bis zum untersten Gewindegang der Überlaufbohrung abziehen können. Das Ablassen des Getriebeöls zum Ölwechsel geschieht durch eine Ablassschraube. In die Doppelschwingarme wird das Getriebeöl in die Klappe, die sich auf dem Federarm an der Oberseite am Gelenk befindet, bis zur unteren Kante eingefüllt. Ein Ölwechsel im Schwingarm ist nicht erforderlich. Es ist jedoch darauf zu achten, dass nach Instandsetzungen irgendwelcher Art, wie Drehstabwechsel, das verlorengegangene Öl wieder nachgefüllt wird.

24) Fettschmierung

Bei Schmierstellen, die mit einer Schmierpresse geschmiert werden, ist nach vorheriger gründlicher Reinigung der Druckschmierköpfe das neue Fett so lange nachzupressen, bis das verbrauchte aus der Schmierstelle vollständig herausgequollen ist und das neue Fett sichtbar wird. Der Fettkragen muss stehenbleiben.

Vom Öl und Fett sind freizuhalten:

1. Die Gummikeilriemen für Lichtmaschine, Wasserpumpe, Lüfter und Luftpresser.
2. Die Kühlwasserschläuche.
3. Die elektrischen Leitungen (Kabelkanal)
4. Alle elektrischen Schalter und Regler.
5. Die Stromerzeuger und Elektromotoren.
6. Die Gummiringe in den Laufrollen und die Anschlagblöcke.
7. Der Anstrich.

Berlin, den 1. 5. 43.

Oberkommando des Heeres

Heereswaffenamt

Amtsgruppe für Entwicklung und Prüfung

im Auftrag

Holzhäuer

Glossar

A.K.	Krupp-Abteilung für Artillerie-Konstruktion
A.Z.	Aufschlagzünder
Bd.Z.	Bodenzünder
D.Z.	Doppelzünder
FES	Führungsringe aus Sintereisen
FEW	Führungsringe aus Weicheisen
(HK)	Hartkern
Hl	Hohlladungsgeschoss
HL	Hochleistungsmotor
Hl/C	Hohlladung Typ C
HWA	Heereswaffenamt
In 6	Inspektion der Verkehrstruppen
Kgs 64/640/130	g = Stahlguss, s = schwimmende Bolzen, 64 = Bauform, 640 = Kettenbreite, 130 = Teilung,
KPS	Führungsringe aus mit Kupfer beschichtetem Stahl
KwK	Kampfwagenkanone
Pak	Panzerabwehrkanone
Flak	Fliegerabwehrkanone
L/5	Geschosslänge ist das Fünffache des Kalibers
L/71	Kanonenrohrlänge ist das Einundziebzig-fache des Kalibers
Pzgr.	Panzergranate
Simulaker	Nachbildung, Übungsattrappe
Sprgr.	Sprenggranate
St.K.	Stahlkern
Stg.	Stahlguss
TS	Treibspiegel
VK …	Versuchskonstruktion mit dem geplanten Einsatzgewicht
Vo	Anfangsgeschwindigkeit der Granate nach Verlassen des Rohres
Verskraft	Kraftfahrversuchsstelle des Heereswaffenamtes
Wa Prüf	Heereswaffenamt, Amtsgruppe für Entwicklung und Prüfung
Wa Prüf 1	s.o., Ballistische und Munitionsabteilung mit vier Waffengattungen und neun Gruppen (Stand 1943)
Wa Prüf 2	s.o., Infanterieabteilung in Kummersdorf
Wa Prüf 4	s.o., Artillerieabteilung mit zehn Gruppen
Wa Prüf 5	s.o., Pionier- und Eisenbahnpionierabteilung
Wa Prüf 6	s.o., Kraftfahr- und Motorisierungsabteilung mit den drei Hauptgruppen Fahrzeuge, Panzer und Motorisierung
Wa Prüf 7	s.o., Nachrichtenabteilung
Wa Prüf 8	s o., Abteilung für Optik, Messwesen, Heereswetterdienst, Feuerleitung und Kartendruck
Wa Prüf 9	s.o., Gasschutzabteilung in Spandau
Wa Prüf 10	s.o., Abteilung für Sondergeräte - kleinkalibrige Raketengeschosse (Stand Ende 1944)
Wa Prüf 11	s.o., Abteilung für Sondergeräte - Großraketen (Stand Ende 1944) in Peenemünde
Wa Prüf 12	s.o., Abteilung für Versuchsplätze

Quellen- und Bildverzeichnis

Quellenverzeichnis

- BAMA Freiburg, Bestand: RH 8 I
- WABW Stuttgart, B 123, Büchel 1346
- Institut für Zeitgeschichte, Nachlass Karl-Otto Saur
- Porsche-Archiv, u.a. Tagebuch Karl Rabe 1931-1945 und »Pionier des Hybridantriebs«
- Karlheinz Münch: Einsatzgeschichte der schweren Panzerjäger-Abteilung 653
- Karlheinz Münch: Combat History of schwere Panzerjäger-Abteilung 653, J.J. Fedorowicz Publishing, 1997
- Karlheinz Münch: Combat History of schwere Panzerjäger-Abteilung 654, J.J. Fedorowicz Publishing, 2002
- Manfred Dörr: So kämpfte die 654. Schwere Panzerjäger-Abteilung 654, VDM, 2011
- Karl R. Pawlas: Waffenrevue 65, 66, 67, Journal-Verlag Schwend GmbH
- Willi A. Boelke: Deutschlands Rüstung im Zweiten Weltkrieg, Akademische Verlagsgesellschaft Athenaion,
- Lukas Friedli: Die Panzerinstandsetzung der Wehrmacht, Schneider Armour Research, 2005
- Wilhelm Treue/Stefan Zima: Hochleistungsmotoren, Karl Maybach und sein Werk, VDI-Verlag, 1992
- Walter J. Spielberger/Hilary L. Doyle: Schwere Jagdpanzer, Motorbuch-Verlag, 2003
- Walter J. Spielberger: Panzer II und seine Abarten, Motorbuchverlag 2013
- M. Winninger: Das Nibelungenwerk, OKH Spielwaren: Die Panzerfabrik in St. Valentin, Müller History Facts
- Thomas Anderson: Ferdinand and Elefant, Tank Destroyer, Osprey Publishing, 2015
- Roman Töppel: Kursk 1943, Die größte Schlacht des Zweiten Weltkriegs, Ferdinand Schöningh, 2017
- Heinz Guderian: Erinnerungen eines Soldaten, Motorbuch-Verlag, 2003
- M.Svirin: Das Schwere Sturmgeschütz Ferdinand, Armada, 2002
- Kampfpanzermotoren in Deutschland 1939 bis 1990 – ein Überblick anhand ausgewählter Typen-WTS
- D 656/1 Panzerjäger Tiger (P) Gerätebeschreibung und Bedienungsanweisung, 1943
- D 656/2 Panzerjäger Tiger (P) Instandsetzungsanweisung zum Fahrgestell, 1943
- D 656/3 Panzerjäger Tiger (P) Instandsetzungsanweisung zum elektrischen Teil, 1943
- D 2030 8,8-cm-Panzerjägerkanone 43/2 (L/71)

Bildverzeichnis

- (PA) Porsche-Archiv
- (WB) Wolfgang Spielberger
- (KHM) Karlheinz Münch
- (DH) Dirk Hensel
- (Hoff) Bayerische Staatsbibliothek München/Bildarchiv (45722, 47511, 47512, 47521, 47530, 47538, 47547)
- (BA) Bundesarchiv (Bild 101I-313-1004-25)
- (TM) Tankmuseum
- (HF) History Facts
- (DV) Dienstvorschriften

WEITERE INTERESSANTE BÜCHER ZUM THEMA

Michael Fröhlich widmet sich dem sagenumwobenen Porsche-Tiger, mit dem die Wehrmacht beabsichtigte, das Kriegsglück zu wenden. Detailliert schreibt er über Technik, Entwicklungsgeschichte, Erprobung und Verbleib dieses auf dem Papier besten deutschen Panzerfahrzeugs des Zweiten Weltkriegs.

300 Seiten, 280 Bilder, Format 230 x 265 mm
ISBN 978-3-613-04213-1
€ 29,90 / € (A) 30,80

In seinem Buch schildert Walter K. Nehring die Geschichte der deutschen Panzertruppe. Detailliert berichtet er über die ersten Kampfwagen-Einsätze 1916, über die »panzerlose Zeit« von 1919 bis 1934, über den Aufbau und die Organisation der Panzertruppe bis 1939 sowie über die Einsätze von 1939-1945.

420 Seiten, 200 Bilder, Format 170 x 240 mm
ISBN 978-3-613-04215-5
€ 19,95 / € (A) 20,60

Erfolgsautor Alexander Lüdeke erklärt und beschreibt in diesem Band neben den Panzertypen - vom Spähpanzer bis zum Königstiger - auch Hintergründe, Strukturen und Einsatzgrundsätze.

256 Seiten, 300 Bilder, Format 230 x 265 mm
ISBN 978-3-613-04182-0
€ 34,90 / € (A) 35,90

Dieses Buch beleuchtet die Hintergründe der Entwicklung von schweren Panzern, beschreibt die technischen Details der verfolgten Projekte und erlaubt so, den Werdegang mancher Entwicklungen nachzuvollziehen.

176 Seiten, 206 Bilder, Format 230 x 265 mm
ISBN 978-3-613-03925-4
€ 29,90 / € (A) 30,80

Stand Januar 2020
Änderungen in Preis und Lieferfähigkeit vorbehalten.

Überall, wo es Bücher gibt, oder
WWW.MOTORBUCH-VERSAND.DE
Service-Hotline: 0711 / 78 99 21 51

Motor buch Verlag